中国传统村落保护与发展

系 列  

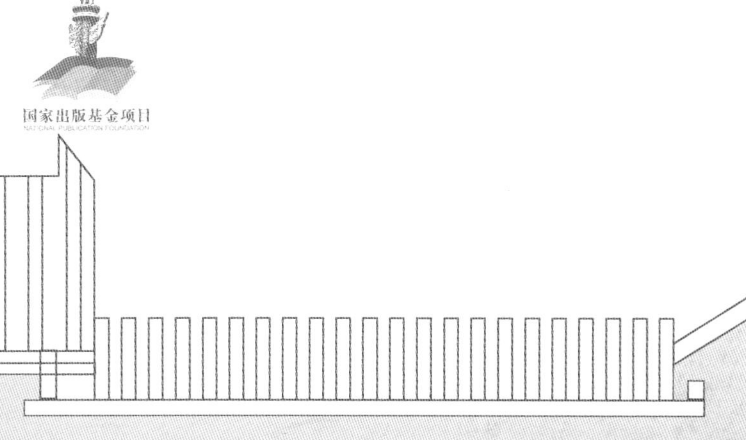


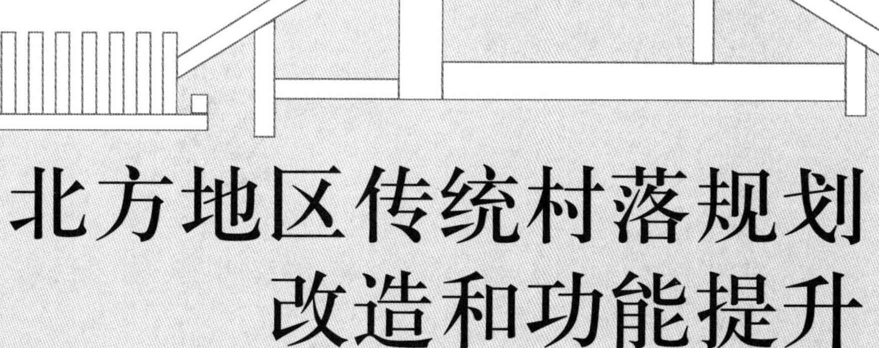

# 北方地区传统村落规划改造和功能提升

## ——梁村、冉庄村传统村落保护与发展

林 琢 吉少雯 编著

中国建筑工业出版社

# 编委会

## 本册编委会

**主编：**

林　琢　吉少雯

**参编人员：**

陈继军　叶　峰

**审稿人：**

范霄鹏

# 总　序

传统村落，又称古村落，指村落形成较早，拥有较丰富的文化与自然资源，具有一定历史、文化、科学、艺术、经济、社会价值，应予以保护的村落。

我国是人类较早进入农耕社会和聚落定居的国家，新石器时代考古发掘表明，人类新石器时代聚落遗址70%以上在中国。农耕文明以来，我国形成并出现了不计其数的古村落。尽管曾遭受战乱和建设性破坏，其中具有重大历史文化遗产价值的古村落依然基数巨大，存量众多。在世界文化遗产类型中，中国古村落集中国古文化、规划技术、营建技术、工艺技术、材料技术等之大成，信息蕴含量巨大，具有极高的文化、艺术、技术、工艺价值和人类历史文化遗产不可替代的唯一性，不可再生、不可循环，一旦消失则永远不能再现。

传统村落是中华文明体系的重要组成部分，是中国农耕文明的精粹、乡土中国的活化石，是凝固的历史载体、看得见的乡愁、不可复制的文化遗存。传统村落的保护和发展就是工业化、城镇化过程中对于物质文化遗产、非物质文化遗产以及传统文化的保护，也是当下实施乡村振兴战略的主要抓手之一，更是在新时代推进乡村振兴战略下不可忽视的极为重要的资源与潜在力量。

党中央历来高度关注我国传统村落的保护与发展。习近平总书记一直以来十分重视传统村落的保护工作，2002年在福建任职期间为《福州古厝》一书所作的序中提及："保护好古建筑、保护好文物就是保存历史、保存城市的文脉、保存历史文化名城无形的优良传统。"2013年7月22日，他在湖北鄂州市长港镇峒山村考察时又指出："建设美丽乡村，不能大拆大建，特别是古村落要保护好"。2013年12月，习近平总书记在中央城镇化工作会议上发出号召："要依托现有山水脉络等独特风光，让城市融入大自然；让居民望得见山、看得见水、记得住乡愁。"2015年，他在云南大理白族自治州大理市湾桥镇古生村考察时，再次要求："新农村建设一定要走符合农村的建设路子，农村要留得住绿水青山，记得住乡愁"。

传统村落作为人类共同的文化遗产，其保护和技术传承一直被国际社会高度关注。我国先后签署了《关于古迹遗址保护与修复的国际宪章》（威尼斯宪章）、《关于历史性小城镇保护的国际研讨会的决议》、《关于小聚落再生的宣言》等条约和宣言，保护和传承历史文化村镇文化遗产，是作为发展中大国的中国必须担当的历史责任。我国2002年修订的《文物保护法》将村镇纳入保护范围。国务院《历史文化名城名镇名村保护条例》对传统村落保护规划和技术传承作出了更明确的规定。

近年来，我国加强了对传统村落的保护力度和范围，传统村落已成为我国文化遗产保护体系中的重要内容。自传统村落的概念提出以来，至2017年年底，住房和城乡建设部、文化部、国家文物局、财政部、国土资源部、农业部、国家旅游局等相关部委联合公布了四批共计4153个中国传统村落，颁布了《关于加强传统村落保护发展工作的指导意见》等相关政策文件，各级政府和行业组织也制定了相应措施和方案，特别是在乡村振兴战略指引下，各地传统村落保护工作蓬勃开展。

我国传统村落面广量大，地域分异明显，具有高度的复杂性和综合性。传统村落的保护与发展，亟需解决大多数保护意识淡薄与局部保护开发过度的不平衡、现代生活方式的诉求与传统物质空间的不适应、环境容量的有限性与人口不断增长的不匹配、保护利用要求与经济条件发展相违背、局部技术应用与全面保护与提升的不协调等诸多矛盾。现阶段，迫切需要优先解决传统村落保护规划和技术传承面临的诸多问题：传统村落价值认识与体系化构建不足、传统村落适应性保护及利用技术研发短缺、传统村落民居结构安全性能低下、传统民居营建工艺保护与传承关键技术亟待突破，不同地域和经济发展条件下传统村落保护和发展亟需应用示范经验借鉴等。

另一方面，随着我国城镇化进程的加快，在乡村工业化、村落城镇化、农民市民化、城乡一体化的大趋势下，伴随着一个个城市群、新市镇的崛起，传统村落正在大规模消失，村落文化也在快速衰败，我国传统村落的保护和功能提升迫在眉睫。

在此背景之下，科学技术部与住房和城乡建设部在国家“十二五”科技支撑计划中，启动了“传统村落保护规划与技术传承关键技术研究”项目（项目编号：2014BAL06B00）研究，项目由中国建筑设计研究院有限公司联合中国城市规划设计研究院、华南理工大学、西安建筑科技大学、四川美术学院、湖南大学、福州市规划设计研究院、广州大学、郑州大学、中国建筑科学研究院、昆明理工大学、长安大学、哈尔滨工业大学等多个大专院校和科研机构共同承担。项目围绕当前传统村落保护与传承的突出难点和问题，以经济性、实用性、系统性和可持续发展为出发点，开展了传统村落适应性保护及利用、传统村落基础设施完善与使用功能拓展、传统民居结构安全性能提升、传统民居营建工艺传承、保护与利用等关键技术研究，建立了传统村落保护与发展的成套技术应用体系和技术支撑基础，为大规模开展传统村落保护和传承工作提供了一个可参照、可实施的工作样板，探索了不同地域和经济发展条件下传统村落保护和利用的开放式、可持续的应用推广机制，有效提升了我国传统村落保护和可持续发展水平。

中国建筑设计研究院有限公司联合福州市规划设计研究院、中国城市规划设计研究院等单位共同承担了“传统村落保护规划与技术传承关键技术研究”项目“传统村落规划改造及民居功能综合提升技术集成与示范”课题（课题编号：2014BAL06B05）的研究与开发工作，基于以上课题研究和相关集成示范工作成果以及西北和东北地区传统村落保护与发展的相关研究成果，形成了《中国传统村落保护与发展系列丛书》。

丛书针对当前我国传统村落保护与发展所面临的突出问题，系统地提出了传统村落适应性保护及利用，传统村落基础设施完善与使用功能拓展，传统民居结构安全性能提升，传统营建工艺传承、保护与利用等关键技术于一体的技术集成框架和应用体系，结合已经开展的我国西北、华北、东北、太湖流域、皖南徽州、赣中、川渝、福州、云贵少数民族地区等多个地区的传统村落规划改造和民居功能综合提升的案例分析和经验总结，为全国各个地区传统村落保护与发展提供了可借鉴、可实施的工作样板。

《中国传统村落保护与发展系列丛书》主要包括以下内容：

系列丛书分册一《福州传统建筑保护修缮导则》以福州地区传统建筑修缮保护的长期实践经验为基础，强调传统与现代的结合，注重提升传统建筑修缮的普适性与地域性，将所有需要保护的内容、名称分解到各个细节，图文并茂，制定一系列用于福州地区传统建筑保护的大木作、小木作、土作、石作、油漆作等具体技术规程。本书由福州市城市规划设计研究院罗景烈主持编写。

系列丛书分册二《传统村落保护与传承适宜技术与产品图例》以经济性、实用性、系统性和可持续发展为出发点，系统地整理和总结了传统村落保护与发展亟需的传统村落基础设施完善与使用功能拓展，传统民居结构安全性能提升，传统民居营建工艺传承、保护与利用等多项技术与产品，形成当前传统村落保护与发展过程中可以借鉴并采用的适宜技术与产品集合。本书由中国建筑设计研究院有限公司陈继军主持编写。

系列丛书分册三《太湖流域传统村落规划改造和功能提升——三山岛村传统村落保护与发展》作者团队系统调研了太湖流域吴文化核心区的传统村落，特别是系统研究了苏州太湖流域传统村落群的选址、建设、演变和文化等特征，并以苏州市吴中区东山镇三山岛村作为传统村落规划改造和功能提升关键技术示范点，开展了传统村落空间与建筑一体化规划、江南水乡地区传统民居结构和功能综合提升、苏州吴文化核心区传统村落群保护和传承规划、传统村落基础设施规划改造等集成与示范，对集成与示范成果进行编辑整理。本书由中国建筑设计研究院有限公司刘晓峰主持编写。

系列丛书分册四《北方地区传统村落规划改造和功能提升——梁村、冉庄村传统村落保护与发展》作者团队以山西、河北等省市为重点，调查研究了北方地区传统村落的选址、格局、演变、建筑等特征，并以山西省平遥县岳壁乡梁村作为传统村落规划改造和功能提升关键技术示范点，开展了北方地区传统民居结构和功能综合提升、传统历史街巷的空间和景观风貌规划改造、传统村落基础设施规划改造、传统村落生态环境改善等关键技术集成与示范，对集成与示范成果进行编辑整理。本书由中国建筑设计研究院有限公司林琢主持编写。

系列丛书分册五《皖南徽州地区传统村落规划改造和功能提升——黄村传统村落保护与发展》作者团队以徽派建筑集中的老徽州地区一府六县为重点，调查研究了皖南徽州地区传统村落的选址、格局、演变、建筑等特征，并以安徽省休宁县黄村作为传统村落规划改造和功能提升关键技术示范点，开展了传统村落选址与空间形态风貌规划、徽州地区传统民居结构和功能综合提升、传统村落人居环境和基础设施规划改造等的关键技术集成与示范，对集成与示范成果进行编辑整理。本书由中国建筑设计研究院有限公司李志新主持编写。

系列丛书分册六《福州地区传统村落规划更新和功能提升——宜夏村传统村落保护与发展》作者团队以福建省中西部地区为重点，调查研究了福州地区传统村落的选址、格局、演变、建筑等特征，并以福建省福州市鼓岭景区宜夏村作为传统村落规划改造和功能提升关键技术示范点，开展了传统村落空间保护和有机更新规划、传统村落景观风貌的规划与评价、传统村落产业发展布局、传统民居结构安全与性能提升、传统村落人居环境和基础设施规划改造等的关键技术集成与示范，对集成与示范成果进行编辑整理。本书由福州市城市规划设计研究院陈硕主持编写。

系列丛书分册七《赣中地区传统村落规划改善和功能提升——湖州村传统村落保护与发展》作者团队以江西省中部地区为重点，调查研究了赣中地区传统村落的选址、格局、演变、建筑等特征，并以江西省峡江县湖洲村作为传统村落规划改造和功能提升关键技术示范点，开展了传统村落选址与空间形态风貌规划、赣中地区传统民居结构和功能综合提升、传统村落人居环境和基础设施规划等的关键技术集成与示范，对集成与示范成果进行编辑整理。本书由中国城市规划设计研究院郝之颖主持编写。

系列丛书分册八《云贵少数民族地区传统村落规划改造和功能提升——碗窑村传统村落保护与发展》作者团队以云南、贵州省为重点，调查研究了云贵少数民族地区传统村落的选址、格局、演变、建筑和文化等特征，并以云南省临沧市博尚镇碗窑村作为传统村落规划改造和功能提升关键技术示范点，开展了碗窑土陶文化挖掘和传承、传统村落特色空间形态风貌规划、云贵少数民族地区传统民居结构安全和功能提升、传统村落人居环境和基础设施规划改造等的关键技术集成与示范，对集成与示范成果进行编辑整理。本书由中国建筑设计研究院有限公司陈继军主持编写。

系列丛书分册九《西北地区乡村风貌研究》选取全国唯一的撒拉族自治县循化县154个乡村为研究对象。依据不同民族和地形地貌将其分为撒拉族川水型乡村风貌区、藏族山地型乡村风貌区以及藏族高山牧业型乡村风貌区。在对其风貌现状深入分析的基础上，遵循突出地域特色、打造自然生态、传承民族文化的乡村风貌的原则，提出乡村风貌定位，探索循化撒拉族自治县乡村风貌控制原则与方法。乡村风貌的研究可以促进西北地区重塑地域特色浓厚的乡村风貌，促进西北地区乡村文化特色继续传承发扬，促进西北地区乡村的持续健康发展。本书由西安建筑科技大学靳亦冰主持编写。

系列丛书分册十《辽沈地区民族特色乡镇建设控制指南》在对辽沈地区近2000个汉族、满族、朝鲜族、锡伯族、蒙古族和回族传统村落的自然资源和历史文化资源特色挖掘的基础上，借鉴国内外关于地域特色语汇符号甄别和提取的先进方法，梳理出辽沈地区六大主体民族各具特色的、可用于风貌建设的特征性语汇符号，构建出可以切实指导辽沈地区民族乡村风貌建设的控制标准，最终为相关主管部门和设计人员提供具有科学性、指导性和可操作性的技术文件。本书由沈阳建筑大学朴玉顺主持编写。

《中国传统村落保护与发展系列丛书》编写过程中，始终坚持问题导向和“经济性、实用性、系统性和可持续发展”等基本原则，考虑了不同地区、不同民族、不同文化背景下传统村落保护和发展的差异，将前期研究成果和实践经验进行了系统的归纳和总结，对于研究传统村落的研究人员具有一定的技术指导性，对于从事传统村落保护与发展的政府和企事业工作人员，也具有一定的实用参考价值。丛书的出版对全国传统村落保护与发展事业可以起到一定的推动作用。

丛书历时四年时间研究并整理成书，虽然经过了大量的调查研究和应用示范实践检验，但是针对我国复杂多样的传统村落保护与发展的现实与需求，还存在很多问题和不足，尚待未来的研究和实践工作中继续深化和提高，敬请读者批评指正。

本丛书的研究、编写和出版过程，得到了李先逵、单德启、陆琦、赵中枢、邓千、彭震伟、赵辉、胡永旭、郑国珍、戴志坚、陈伯超、王军（西安建筑科技大学）、杨大禹、范霄鹏、罗德胤、冯新刚、王明田、单彦名等专家学者的鼎力支持，一并致谢！

陈继军

2018年10月

# 前　言

2012年，在住建部、文化部等多部门领导支持下开始了中国传统村落的调研工作，至2017年底，住建部陆续公布了四批具有重要保护价值的中国传统村落名单，涉及4153个村落，体现出了我国对传统村落保护的高度重视。村落的保护已经成为建设美丽中国的重要内容，同时我国传统村落的保护工作开始得以有序的进行。

传统村落作为我国农耕文化遗产的重要载体，承载着中华民族历史悠久的农业文明，是珍贵的文化财富。传统村落是中国传统文化遗产的重要组成部分，其所承载的物质和非物质的文化遗产，具有历史价值、文化价值、教育价值、审美价值、经济价值和传承中华民族传统文化的精神价值，是中国传统历史文化不可或缺的瑰宝。传统村落的变化过程可以看作是农业文明向现代化发展进程的重要体现。在我国现代化建设快速发展中，对传统村落的研究具有深远而重大的意义，科学记录和保护传统村落的人文历史、自然风貌及各种原生态信息，不仅是利在千秋的文化保护工作，同时对研究、传承、弘扬和创新中国传统文化也具有重要作用。

从我国对传统村落的研究来看，因不同地区的传统村落地域特色的不同，研究的侧重范围和研究深度也不尽相同。在华南和华东地区的传统村落研究已经较为深入，评价、保护、规划相关理论较为完善，而西部地区和北方地区相对较弱。从地域特色来看，北方地区的传统村落研究偏向于传统聚落和传统民居为多，民俗文化和历史文脉等也独具特色，而在空间格局的特色性保护的研究方面还有待深入。

近些年，虽然随着传统村落的保护工作逐步开展，我国对保护传统村落的力度不断加大，范围不断扩大，但目前传统村落保护的现状仍不容乐观。由于保护体系还相对不完善，农村建设发展伴随着全国工业化、城镇化的快速发展也出现了不少问题，大量的传统民居正在遭受人为与自然的破坏，并且以较快的速度消亡，成百上千年积淀下来的地域传统文化面临湮灭的威胁。对于数量庞大、类型众多的传统村落的保护而言，传统村落的研究处于则刚刚起步阶段，存在着体系尚不健全、指标不够充足等问题。同时，我国对于传统村落基础理论、评价体系、保护措施、发展模式、具体技术等方面的研究深度各有不同，虽然有了一定的成果，但是缺乏一定统一性认识及标准。如何保护传统村落和民居，维护其地域特色，已成为社会各界非常关注的问题。

目前，国内对传统村落的相关研究主要集中在传统村庄的历史遗存等，相对偏重于对历史建筑、原住居民等因素的变化影响，涉及历史街巷或历史环境等空间格局等保护问题的研究还不够深入，相对匮乏。因此，我国对传统村落的研究还需要继续深入地探讨和调研。要对传统村落的保护规划、发展规划、演化和特征值的形成等进行研究，促使多学科参与的局面形成。并且对非物质文化遗产、保护发展的保障机制与制度等方面的研究需有所涉及，对尚未形成完善的体系，仍需要更多的探索，并借鉴国外优秀的保护经验。

从国内外保护经验来看，完善的保护法规条例及相关规范，是做好保护工作的基础，其相关内容将保护本体对象全覆盖。在保护内容上做到科学化、合理化和规范化，并针对保护实践中出现的技术问题，如保护技术、消防、修缮要求等做出详细要求。

第二次世界大战以后，随着城市化进程加快所带来的一系列问题，欧美等发达国家越来越重视城乡协调发展与传统建筑的保护和改造，通过加强对乡村的建设来解决城市问题。欧美国家通过长期的实践，形成了一套标准而有效的程序，包含提出规划草案、组织民众评议、邀请专家论证、在经议会批准几个步骤。通过这套程序，能够较好地保证规划的民主性、科学性、法律性，避免了人为的主观随意性，为村镇建设和管理提供了依据。同时，欧美国家还对传统建筑进行功能改善、结构维修、加固改造、节能改造、中水回用、再生资源利用等技术的应用研究，使传统建筑重新焕发生机，融入现代生活。由于欧美等发达国家城镇化水平相对较高，住宅问题和工业化、城市化进程密不可分，城市住宅和村镇住宅的研究没有严格区分，适合城市传统建筑保护改造的方法与措施也可以在村镇建筑中使用。同时，欧美发达国家普遍认为，对传统建筑的保护修缮应有利于社会的可持续发展，应保证社会经济的长期增长，应与自然和文化资源的保护相一致。

日本的历史保护发展比较先进，在整个亚洲都是走在前列。1950年，《文化财保护法》的提出，标志着日本对文化遗产保护理念的提出，极大地拓展了文化遗产保护领域，为非物质文化遗产的保护和弘扬，树立了典范。日本将文化财富按有形和无形来划分的做法，至今被联合国在文化遗产划分上采用。《文物财保护法》是日本相关保护律法制定和相关工作展开的主要根据。到21世纪初，日本已经制定了同时适用城市与村落所有整体景观保护的法律，促进了整体性景观环境保护的发展。近年来，日本对村落与街区的保护实践成为改善居住的整体环境、促进城乡发展的有效途径。

而在韩国，其保护工作发展历程受日本的理念影响，20世纪初由日本的驻朝鲜总督颁发的《古迹及遗物保存规则》，第一次以法令的形式明确提出了对古迹与遗物的法律保护问题，它的出台标志着韩国文化遗产的保护工作走上了法制化的道路。随着保护规模的扩大，韩国从以历史古迹和文物为主的保护，发展到对文物、古迹、名胜及自然生态的全面保护。韩国也将传统村落作为"保护范围的民间文化财产"，历史环境也被包含在保护的范围之中。作为韩国传统村落的代表，河回村和良洞村在2010被列入世界文化遗产名录。两村是典型的朝鲜族家族村落，是朝鲜时代贵族文化最为繁盛时期的贵族村落，村落格局完整，同时还保存了其传统的风俗礼仪等非物质文化。韩国对于传统村落的保护采用了"整体性"保护模式，对于已经认定的遗产，按照法律规定进行保存修缮，对村落的整体空间格局进行保护，维系村落文化生态环境；保护原住民的正常生活秩序，让他们参与村落的维护与管理；对于旅游发展等商业活动在村落周边集中兴建；设立传统文化传习馆和历史文化博物馆等。

由上所述，欧美、日本和韩国的文化遗产保护起步较早，体制比较完善，经过几十年的实践探索出了适合本国的保护方式。如日本的社区环境营造和促进城镇发展的历史环境保护模式，以及韩国对于传统村落的整体性保护模式，都为我国传统村落的保护提供了宝贵的经验借鉴。

相对于西方等国家，我国关于传统村落保护工作的开展要晚很多，中国在1982年建立了关于国家历史文化名城保护的文物保护机制，2003年建设部和国家文物局开始对历史文化名村进行评选，但是其范围较小，只公布了276个国家级历史文化名村。直至2012年的中国传统村落名录的评选，才意味着中国传统村落保护工作的全面开展。

目前，我国传统村落保护工作得到开展只有十余年的历史，传统村落的保护和开发还处于探索阶段，传统村落的保护整治工作还相对不完善。传统村落的保护建设过分强调标准化，机械地满足规划条件的要求，远离传统，形成组合空间上缺少特色、传统的人情化丧失，文化内涵及地域特色缺失、邻里关系淡漠等现象。基于此现象的出现，通过对传统村落的空间、要素、意境的研究，发掘被遗忘的传统村落特色，并帮助其在新时期有所发展，才能使传统村落更具浓厚的中国地域色彩。现在传统村落的保护工作除政府投资和一些企业投资外，当地居民对传统民居的保护整治工作还相对滞后，对于传统村落的保护还需要更多的人参与进来。

传统村落和传统民居是我国宝贵的物质文化与非物质文化遗产资源，但是许多具有不同建筑特色、村落布局和民俗风情的传统村落由于保护能力和力度的匮乏，传统村落保护工作仅限于完成部分传统村落的保护规划，大多数村落仍处于没有任何保护措施的消亡进行时状态，整体而言，村落的保护现状非常堪忧。保护和发展传统村落不仅仅是修复历史建筑，还要保护好当地原汁原味的自然生态系统，做到让自然生态和人文精神并存、历史记忆与未来憧憬贯穿、传承文脉和时代文明承接，实现经济发展和生态保护的双赢。

北方地区作为国内重要的区域，其跨度大、地域广，包含有11个省、市及自治区，占到了全国20%的面积区域，但是由于北方地区地理环境、气候条件、历史沿革、经济发展等因素，造成在传统村落保护方面相对滞后的现象。目前，北方地区收录至《中国传统村落名录》的数量占全国总数的18.6%左右。而且北方地区传统村落的分布也极为不均，主要集中在山西、河北、河南，占到了北方地区一半以上，约68.1%，其中山西传统村落四批共计279个，河北传统村落四批共计145个，河南传统村落四批共计124个，山西传统村落数量位于全国前5名。

而从北方地区的地理、历史、经济、人文等方面来看，对于中华文明的传承有着重要意义。北方地区具有历史久远、民族多样的特点，华夏文明、蒙古大汗、辽金文明、边疆风情等都对中国传统文化具有重要意义，尤其这些地域处于古丝绸之路的主要通道之上，随着我国“一带一路”发展，这些地域的传统文化需要进一步发掘，同时对促进古丝绸之路的经济发展有着积极的推动作用。因此，对北方地区传统村落的调查研究也势在必行，需要加快调查研究，促进传统村落的保护工作能够全面展开。

本书选取了北方地区传统村落较多的山西、河北两地具有典型特征的梁村和冉庄作为研究对象，通过借鉴国外先进的研究理念，从文化景观的概念和演变过程入手，通过总结传统乡村文化景观的基本特征，分析现阶段传统乡村中存在的主要问题，在保证传统院落风貌完整性和历史文化延续性的前提下，基于前人对文化景观的研究，确立以保护为主的大方向，对传统乡村文化景观进行研究，以文化的视角剖析“自然与人类共同的作品”，试图通过对这两个传统村落保护整治过程中的做法及特点进行分析研究，明确传统村落文化传承的基本原则，研究并总结出传统村落在保护和旅游开发过程中保持和延续乡土文化特色的设计思路。从而为传统村落的保护工作及弘扬具有中国地域特点的传统村落提供一定参考。

# 目 录

# 第1章 北方地区传统村落调查

01

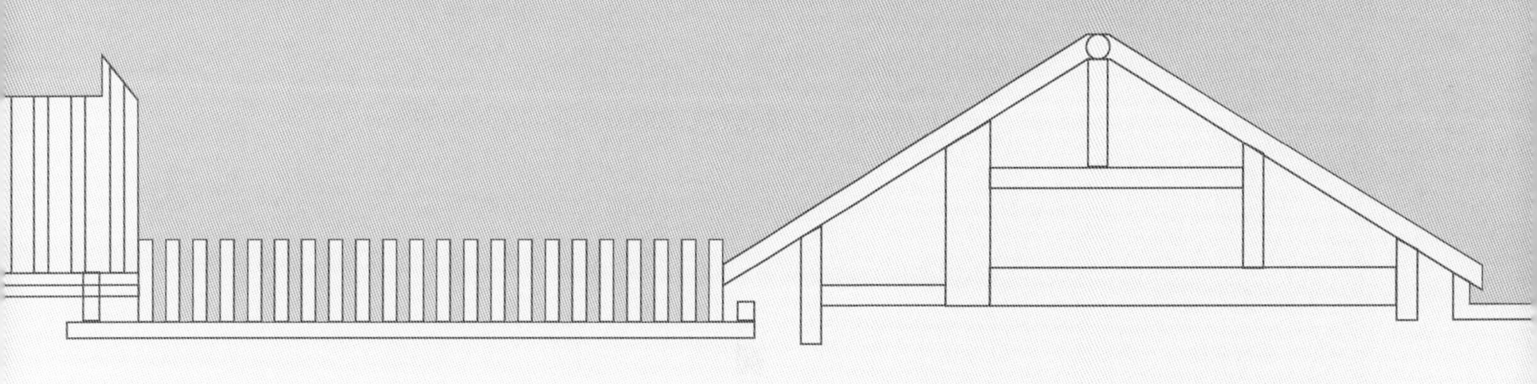

# 1.1 北方地区传统村落布局

根据气候、地形的差异，可将中国分为四大地理区域（北方地区、西北地区、南方地区、青藏地区）。其中，北方地区位于秦岭—淮河以北、内蒙古高原以南，大兴安岭、青藏高原以东，东临渤海和黄海，行政区域包括北京、天津、河北、山东、河南、陕西、山西、辽宁、吉林、黑龙江、内蒙古东部等地，北方地区面积约占全国的20%，人口约占全国的40%，其中汉族占绝大多数，少数民族中人口较多的民族为居住在东北地区的满族、朝鲜族，内蒙古的蒙古族等（表1-1）。

**中国传统村落统计表** **表1-1**

| 序号 | 地区名称 | 第一批 | 第二批 | 第三批 | 第四批 | 合计 | 占全国比例 |
|---|---|---|---|---|---|---|---|
| 1 | 河北 | 32 | 7 | 18 | 88 | 145 | 3.49% |
| 2 | 河南 | 16 | 46 | 37 | 25 | 124 | 2.99% |
| 3 | 山西 | 48 | 22 | 59 | 150 | 279 | 6.72% |
| 4 | 山东 | 10 | 6 | 21 | 38 | 75 | 1.81% |
| 5 | 北京 | 9 | 4 | 3 | 5 | 21 | 0.51% |
| 6 | 天津 | 1 | — | — | 2 | 3 | 0.07% |
| 7 | 陕西 | 5 | 8 | 17 | 41 | 71 | 1.71% |
| 8 | 内蒙古 | 3 | 5 | 16 | 20 | 44 | 1.06% |
| 9 | 吉林 | — | 2 | 4 | 3 | 9 | 0.22% |
| 10 | 黑龙江 | 2 | 1 | 2 | 1 | 6 | 0.14% |
| 11 | 辽宁 | — | — | 8 | 9 | 17 | 0.41% |
| 12 | 甘肃 | 7 | 6 | 2 | 21 | 36 | 0.87% |
| 13 | 青海 | 13 | 7 | 21 | 38 | 79 | 1.90% |
| 14 | 宁夏 | 4 | — | — | 1 | 5 | 0.12% |
| 15 | 新疆 | 4 | 3 | 8 | 2 | 17 | 0.41% |
| 16 | 上海 | 5 | — | — | — | 5 | 0.12% |
| 17 | 江苏 | 3 | 13 | 10 | 2 | 28 | 0.67% |
| 18 | 浙江 | 43 | 47 | 86 | 225 | 401 | 9.66% |
| 19 | 安徽 | 25 | 40 | 46 | 52 | 163 | 3.92% |
| 20 | 福建 | 48 | 25 | 52 | 104 | 229 | 5.51% |

续表

| 序号 | 地区名称 | 第一批 | 第二批 | 第三批 | 第四批 | 合计 | 占全国比例 |
|---|---|---|---|---|---|---|---|
| 21 | 江西 | 33 | 56 | 36 | 50 | 175 | 4.21% |
| 22 | 湖北 | 28 | 15 | 46 | 29 | 118 | 2.84% |
| 23 | 湖南 | 30 | 42 | 19 | 166 | 257 | 6.19% |
| 24 | 广东 | 40 | 51 | 35 | 34 | 160 | 3.85% |
| 25 | 广西 | 39 | 30 | 20 | 72 | 161 | 3.88% |
| 26 | 海南 | 7 | — | 12 | 28 | 47 | 1.13% |
| 27 | 重庆 | 14 | 2 | 47 | 11 | 74 | 1.78% |
| 28 | 四川 | 20 | 42 | 22 | 141 | 225 | 5.42% |
| 29 | 贵州 | 90 | 202 | 134 | 119 | 545 | 13.12% |
| 30 | 云南 | 62 | 232 | 208 | 113 | 615 | 14.81% |
| 31 | 西藏 | 5 | 1 | 5 | 8 | 19 | 0.46% |
| 全国 | | 646 | 915 | 994 | 1598 | 4153 | 100.00% |

中国历史悠久，疆域广袤，传统村落在全国的分布非常广泛，覆盖我国31个省、自治区、直辖市，但是因受历史文化、地理环境等因素差异的影响，传统村落呈现数量众多，但是分布较为不均匀的格局。传统村落整体上表现为南多北少，东多西少，主要集中分布在西南地区的云南、贵州两省，中原地区以及皖南—浙西地区。全国传统村落空间分布整体呈现“南多北少”的空间特征。因此，全国列入中国传统村落名录的村落四批共计4153个，北方地区只有772个。其中，中原地区的传统村落分布因其地理环境优良、历史传统文化悠久且人口数量大，形成了传统村落较为集中的区域，主要集中在山西、河南、河北的中原地区，河北、河南、山西三省目前四批名录中共有526个，占到北方地区的68.1%。其他北方地区中的天津、黑龙江、吉林、辽宁等地区数量相对较少。

## 1.2 北方地区传统村落演化与发展

传统村落是地域文化、民俗风情的重要表现形式，受地理环境因素的影响，传统村落在空间上呈现不同的形态特征。与此同时，传统村落的地域特色、文化内涵往往具有相似性、差异性和多样性。

| 1 | 2 | 5 |
| --- | --- | --- |
| 3 | 4 | |

图1-2-1　山西梁村南乾堡

图1-2-2　河北古民居

图1-2-3　河北蔚县宋家庄

图1-2-4　河北武安伯延古村

图1-2-5　河北蔚县开阳堡村

北方地区的传统村落因地域分布广，自东向西遍布中国北方地区，跨度大。同时，北方地区由于历史的原因，形成了不同民族、不同文化的传统村落形态，如华夏文明、蒙古大汗、辽金文化等，尤其是北方地区处于古丝绸之路的主要通道上，形成了既有地域、民族、文化等独特的形态，同时在历史的发展、演变当中也呈现出各种文化交流、融合的特点，如北方地区合院式的建筑布局，在北方地区有着比较广泛的普及性，这种建筑布局在很多地区都有着较为相似的呈现（图1-2-1~图1-2-5）。

北方地区传统村落的形态发展和变迁因素存在于诸多方面，如堪舆理论、不同民族文化的影响、社会和经济活动的演变、家庭的组织方式、土地变化等。

# 1.3 北方地区传统村落分析

北方地区传统村落由于民族、地域的不同，加之建造方式由不同统治阶级的意志及宗教的约束，形成了较为丰富的建筑空间形态、构造方式以及风格各异的特点（图1-3-1、图1-3-2）。

北方地区传统村落有山西的三晋文化为主的村落；河北边疆防御型堡寨型传统村落；内蒙古地区，因历史源远流长和民族文化多元，许多传统村落融合了汉文化、蒙古族文化、外来的俄罗斯文化等多元文化；河南作为中原地区传统文化的代表，其传统村落体现了华夏文明的源远流长；东北地区是关外风情与朝鲜族等少数民族的风情的村落；山东体现了齐鲁文化的博大精深；京津冀地区则是传统皇家文化、燕赵文化之地。

北方地区的传统村落主要以院落空间为主，院落空间是中国传统建筑的典型布局方式，传统的院落空间是由居住建筑发展而来的，随着时代的变迁，逐渐发展成为居住、生活、休闲等不同功能的院落空间，其中最具传统的合院式结构应以北京的四合院最有代表

1 | 2

图1-3-1　爨底下村

图1-3-2　北京四合院

性，院落空间较大，周围建筑不相连属。

《辞源》对“院”的解释为“周恒也”，“宫室里有墙恒者曰院”四周围墙以内空地可称为“院”，而“落”则有定居的意思，如聚落、村落等。

### 1.3.1　传统村落保护与利用的意义

传统村落是地域文化、民俗风情的重要体现，但受到地理环境等因素的影响，传统村落的地域特色、文化内涵具有一定的相似性、差异性、多样性的特点，传统村落在空间上呈现不同的形态特征。传统村落还反映了所在地区的形成、演进过程以及自然资源、社会资源的配置状况，反映出当地的历史演变、价值特色，这些就是传统村落保护的意义所在。而传统村落在保护工作当中，也表现出因地域广大、分布分散、地域偏远、发展落后等问题，同时一些传统村落还存在一些民族差异、保护管理不力等现象，因此，展开传统村落切实有效的保护工作，并提出可行的技术措施及建议迫在眉睫。

#### 1.3.1.1　保护传统村落是对传统农耕文化的传承

中国有着悠久的农耕文明史，通过家庭、家族、宗氏、氏族这种以血缘关系构建而成的传统村落，将这种农耕文明代代相传的传承了下来。因此，中国的传统村落具有极高的历史文化、美学艺术和高度的保护研究价值，是中华文化的重要组成部分。传统村落作为历史悠久、数量众多、文化内涵丰富的一种社会聚集类型，是中国农耕文化遗产生动的载体，承载着丰富的物质文化遗产和非物质文化遗产，是最大的物质和非物质文化遗产。

#### 1.3.1.2　保护传统村落有助于留住传统文化的“根”

随着我国城市化的快速发展，中国传统文化的传承与延续已经受到了严重的影响，传统村落在现代城市文化的冲击下，面对的原已破旧不堪的老建筑已不能满足现代农民的物质生活需求，传统建筑呈现逐渐边缘化的趋势，传统村落中不少原住居民从传统建筑中迁出或翻建成新式建筑，造成在传统文化的继承与弘扬上出现遗失断裂的现象，出现了“失根”现象。

传统村落不仅具有建筑、街道等物质文化，也具有乡土文化、民风民俗等非物质文化，如果这些传统村落的建筑、街道等物质文化消失，这些依存于传统村落的非物质遗产及文化也将会随之消亡。

加强传统村落的保护整治工作，不仅是对物质文化的保护，也是对非物质文化的保护和传承，恢复传统村落的内在活力，有助于传统村落文化的传承，有助于保护传统村落文化的多样性，提升村民的归属感，增强民族自信，从而留住传统村落其文化的“根”。

#### 1.3.1.3 保护传统村落有助于推动农村地域经济发展

传统村落作为历史文化遗产的载体，不但具有较高的历史和文化价值，同时具有经济开发的价值。传统村落中的古建筑、古街古巷、古树、历史遗存等都是最具价值的资源，保护并利用好这些资源能创造出潜力巨大的财富。

中国传统文化中有着深厚的田园文化和乡土情结，传统村落中的山水田园、老宅深院正是人们的这种乡愁得以寄托的地方，传统村落所展示出来的人文观念、哲学思想、道德取向使人们在畅游其中时，可以陶冶性情、培养品格、修炼心智。同时，传统村落也是人们认识、学习中国传统文化的极佳场所，在旅游经济兴盛的今天，传统村落以其独特的传统乡土文化、历史风貌与田园风光的完美结合，将吸引着越来越多的游客者来此休闲、度假，传统村落的旅游业会得到空前的发展，而旅游业的发展也将带动相关产业的发展，在很大程度上解决了农村产业升级，推动了当地经济的发展。

### 1.3.2 传统村落的现状与面临的问题

北方地区有着深厚的文化底蕴，是华夏文明的发源地之一，华夏文明始于农耕文化，传统村落与之有着密不可分的历史传承。传统村落反映着几千年人类历史的延续和发展，是传承中国优秀历史文化、延续历史文脉的重要载体之一，是一种重要的文化资源。其中蕴藏着丰富的文化景观，不但包含物质形态的村落形态、空间环境、建筑风貌等，也包括多种非物质形态如生活习俗、文化理念、历史风情等。

然而，北方地区传统村落目前的保护现状不容乐观。随着中国城市化的快速推进，传统乡村景观遭到了严重的破坏，造成了历史文脉的割裂，使古朴的乡土风貌逐步消亡。北方地区传统村落比较常见的问题如下：

（1）传统村落文化遗产破坏严重，基础设施落后

在我国城市化和城镇化的进程中，传统村落遭到越来越严重的破坏，这已是不争的事实。其中，传统村落遗产的保护意识严重缺乏是主要原因之一。一方面，村民作为保护传统村落的中坚力量没能发挥应有的作用，多数村民保护意识淡薄，不能清晰认识到传统村落在新农村建设中的作用和价值。由于传统建筑已经很破旧，并且其使用功能不能满足现代社会生活的需求，不少村民翻修、拆除古建筑，以新建符合“潮流”的新居来替代原有的传统建筑。另一方面，作为传统村落保护直接管理者的地方政府，在意识和决策层面上缺少保护和传承传统村落文化的重要意义，一些地方政府为求政绩，盲目跟风，急功近利，着重致力于“新”的发展建设，水泥路、楼房等建设铺天而来，老街区、传统建筑逐渐消失，致使传统村落的历史和文化逐渐消逝。

另一个情况是，由于农村经济条件差，传统村落中现存的传统建筑不能得到有效的维护修缮，致使老化严重，部分坍塌毁坏。同时，传统村落中的基础设施落后，道路、排水以及卫生条件不完善，影响村民生活质量的整体提高。

传统村落亟需有效解决传统村落在新农村建设中如何发展的问题，并处好保护与发展、“新建设”与“传统村落”的矛盾。

（2）忽视非物质文化遗产的保护与传承

传统村落不仅承载着物质文化遗产，而且承载着非物质文化遗产，对其保护开发应该从这两个方面进行综合研究，这两方面是相辅相成、缺一不可的。但在当前传统村落建设和保护中，我们常常走入一个误区，即只强调传统建筑、历史遗迹等物质层面上的保护与传承，而忽略精神层面的非物质文化的保护开发，这就致使当前传统村落保护工作难以系统完善。随着经济的发展和城市化进程的加快，许多传统村落原住民选择外出打工或者迁出村庄，追求与现代文明的近距离接触，致使传统村落“真空化”现象日益突出。人们在追寻现代文明的同时，对本土的了解日渐缺失，带有地方特色的民俗风情、传统工艺等由于缺少传承而逐渐消亡，传统的礼仪、风俗也被现代生活逐渐代替，人们更多地是关心经济的发展而不是文化的传承。对于传统村落遗产的关注点也主要集中在传统建筑、乡村景观方面，缺少对非物质文化遗产的整理和挖掘。

（3）过度的旅游开发破坏了传统村落的原始面貌

目前，发展旅游业是许多传统村落带动当地经济，促进新农村建设的重要手段。合理开发和利用当地旅游资源不仅能带来经济效益，更能形成传统村落保护的良性循环，但不适当开发和过度开发，将对传统村落保护带来极大的负面作用。如历史真实性伴随着传统村落过度商业化消失，使其成为一个“文化空壳”，尤其是外来因素的干扰——如外来住户迁入等加速了传统村落人文环境的改变。另外，传统村落潜在的旅游价值使其成为一些政府和商人眼中的肥肉，于是斥巨资对其包装，导致随意新建、翻建古建筑的现象普遍存

在，使得传统村落的原生面貌逐渐消亡。

（4）缺乏专业人士指导，传统村落保护水平较低

传统村落保护涉及诸多方面的知识，传统村落实施保护工作的人员不仅要具备传统文化和古建筑方面的专业知识，还要有相应的历史学知识、美学理论基础等作支撑。但是目前这种专业人才多集中于院校、研究所，绝大多数地方的传统村落保护工作仍在由非专业人士来承担。由于缺乏专业指导，传统村落的保护缺少规划，问题频出，而出了问题也没有条件解决。

同时，传统村落消逝、大量的文化遗产被破坏损毁的另一个原因是，许多传统村落地处偏僻山区，地域局限致使这些村落不仅在经济上落后，居民们对传统村落保护意识也认识不到位，再加上政策法规不完善等原因，致使传统村落的整体面貌遭到破坏。

基于上述问题。北方地区的传统村落保护工作需要在充分认识传统村落的保护和利用意义的基础上，一方面要从传统村落的实际出发去发现问题，另一方面还要从理论层面对传统村落保护的原则和方法进行探索，使传统村落的保护和利用问题在理论研究的基础上，具备实践性。

### 1.3.3 传统村落文化遗产保护规划建议

为了更好地保护传统村落文化遗产，需要从历史文化遗产保护的视野进行规划保护。我们必须遵循以下几个原则：一是结合实际、科学发展，即从传统村落的实际出发，科学地制定符合村镇自身情况的建设发展规划。二是尊重历史的完整性、真实性，即尽量保持传统村落文化遗产的原貌，并处理好新旧建筑之间、新旧文化之间的关系；三是认真保护、合理利用，在遵守“保护第一”原则的基础上，对传统村落的文化遗产进行开发利用。在这三条原则的基础上，应从以下几方面加强传统村落的保护和利用。

#### 1.3.3.1 传统村落保护与发展过程中引进“有机更新”的思想

所谓“更新”，是指在保护中运用新的技术手段增强传统村落的内在质量，在不改变原有村落格局、风貌的前提下，增加或减少一些建筑构筑物及环境景观等，使其外部形式在保留历史真实的前提下有所更新，体现出新的美学追求。从根本上说，与以往把古建遗址仅仅看作凝固的历史不同，“有机更新”则将传统村落看成一个存在生命活力的整体，看作是不断发展变化着的、不能被任意“截肢”、“拆卸”的活体。修缮过程就是给古建筑增加新活力的过程，需要将传统村落与现代环境的发展联系起来进行审视，使其在与新环境的发展中和谐共生。

在当下农村由“古”到“新”的建设过程中，“有机更新”是农村建设的基础保障理论之一，在实现有效保护传统村落的同时，其发展也能跟上时代的步伐。但需要注意的是，由于

传统村落是历史延续的产物，至今仍在被使用着，多数属于文物范畴。因此，“有机更新”不仅是实现物质层面，涉及村落面貌等硬件修整上，也要实现精神层面，即居民生活方式和观念等软件建设上，这是建设新农村过程时对传统村落进行保护和利用的重要指导思想。

#### 1.3.3.2 确立传统村落的整体保护意识

历史文化遗产的保护，既要保护物质遗产，也要保护非物质遗产，物质遗产必然产生相关的非物质遗产，而非物质遗产必然有其物质载体，两者相辅相成。首先，应从已被列入中国传统村落名单的这些传统村落开始，逐步进行传统村落中物质与非物质文化遗产的调查工作，为整体保护传统村落打下坚实的基础。

传统村落遗产整体保护意识体现在两个方面：

一是传统村落的建筑（物质遗产）与当地风俗习惯及其他礼仪形式（非物质文化遗产）的整体保护意识；二是以传统建筑为核心保护地与周边遗产及其环境的整体保护意识。应参照我国文化遗产保护法规的相关条款，划定遗产保护的范围。其中，一类建筑的保护范围分建筑保护范围、建设控制地带两个等级规划。传统村落的保护规划应尊重其既有空间结构，不得进行任何破坏传统村落格局的建设。属于传统村落范围内的景观，在进行建设时，应在专家的指导下深挖其历史文化渊源，务必与传统村落的空间格局、风貌相协调。尤其是历史建筑的整治、维修，务必在文物部门及相关专家的指导下有理有据、有计划地实施，并遵循“原址、原貌、原物”的原则。对于景观的建设实施应获得相关部门的审批。

#### 1.3.3.3 明确传统村落保护要素，对传统村落进行分级保护

传统村落规划保护的三个构成要素主要包括：自然环境、人文环境和人工环境。任何传统村落的保护都离不开对此三要素的分析研究和保护。自然环境要素是指包括山体、水体、农田、坡地、植被等在内的，有山地、丘陵特征的地形地貌和自然景观，其特征是在规划保护过程中保留自然原生。人文环境要素主要是指历史传统文化，在文化层面上反映居民社会生活、习俗、生活情趣、文化艺术等。人工环境要素是指包括文物保护单位和历史保护建筑、特色构筑物、古遗迹，如宗祠、绣楼、堂屋、花厅等重要建筑物在内的，人们在生产活动中所创造的物质环境。

实现分级保护，进行分级保护是有效实现传统村落保护的一个重要手段。分级保护通过划分保护层级有助于分清保护目标主次，突出重点，实现多层化管理。主要划分为核心保护区、风貌缓冲区和建设控制区。其特征如下：核心保护区主要实现核心保护区范围以内的历史遗留不受破坏，最大限度地保留和还原历史的真实性、风貌的完整性和生活的延续性。核心保护区内建设活动主要以维修、整理、修复和内部更新为主，无论从外观造型，还是体量等要素都应与保护对象协调一致。必须拆除或迁移核心保护区内与传统风貌特色的构筑元素不协调的建筑等。

风貌缓冲区的建设活动要实现与村落整体风貌的协调一致，在风貌缓冲区中要严格禁

止新建、扩建、改建等建设活动，要最大限度地保护山地、丘陵地貌。

在划分保护区的基础上。对保护区内的每一幢建筑综合评价其建造年代、保存质量、历史价值、风貌状况等，划分为文物保护单位、重点保护建筑、历史建筑、一般建筑物，并针对不同类型建筑制定出相应的保护、整治措施。对于历史建筑，在保护及维修的前提下，可适当调整更新内部，以适应现代化居住生活要求；保留近年新建并且质量较好、与传统村落风貌协调的建筑；整修和治理那些质量尚可，但与整体环境不协调的建筑；拆除建筑风貌和质量较差，且占据村内原有的公共空间的建筑，并进行新的规划；坚决拆除严重影响传统村落总体规划和村容村貌的违章建筑及危房。

#### 1.3.3.4 保护传统村落文化遗产，适当开发旅游资源

旅游开发和传统村落保护是一对共生的矛盾体，需要谨慎、适度地处理，否则极易产生负面效应。在对传统村落进行旅游开发之前必须要由政府主导，经专家做出科学、合理的发展规划，并且要遵循以下几项原则：第一，保护原则，即保护传统村落的空间格局、街巷尺度、文物古迹等历史文化构成要素，延续历史文化环境。第二，发展原则，即遵循保护与发展有机结合、永续利用的原则，发挥传统的历史文化环境在现阶段的现实积极意义，同时改善村民的生活质量和环境品质。第三，效益原则，即对古村落中综合效益低的用地重新规划，积极开辟和利用新、老景点，发展旅游事业，实现社会、经济和文化效益的统一发展。

传统村落作为一种丰富的文化资源，极富旅游吸引力，可以将发展传统村落旅游作为经济发展的重要手段。结合当地人文地理和经济发展特色，因地制宜，遵循适度、合理的原则对传统村落文化资源进行开发和利用，实现经济效益和保护并重，形成保护与开发的良性循环。

#### 1.3.3.5 重视传统文化的传承，加强专业人才建设

在传统村落的建设中，要特别注重传统文化的传承。一方面，要利用技术手段，有组织、有计划地对与传统村落相关的传统文化进行系统、全面的调查、搜集、记录与保存工作，积极挖掘、整理传统村落蕴含的丰富的人文精神和文化内涵，尽全力做好传统村落传统文化的发掘工作。另一方面，要重视文化遗产保护方面的专业人才的培养。同时，由政府牵头，组织相关专家学者加强古村落保护的理论研究。而研究和传承传统文化的目的在于承前启后，即承接并研究前人的硕果，总结和探寻农村建设的经验教训，为更好地建设社会主义新农村服务。

传统村落资源丰富，村落保护在新农村建设中既面临挑战，也面临机遇。一方面，抓住机遇、合理规划、措施得当，在新农村建设中传统村落保护问题就会得到良好解决，古老的文化资源将在新时代中再次展现其迷人的魅力。另一方面，抛开短暂的利益和政绩观，深层次且正确理解新农村建设和传统村落保护、利用的意义，尊重传统村落发展规律，才能实现传统村落保护、开发和建设和谐共赢的目标，进而推进我国的新农村建设。

# 02

# 第2章 北方地区传统村落格局和民居建造工艺

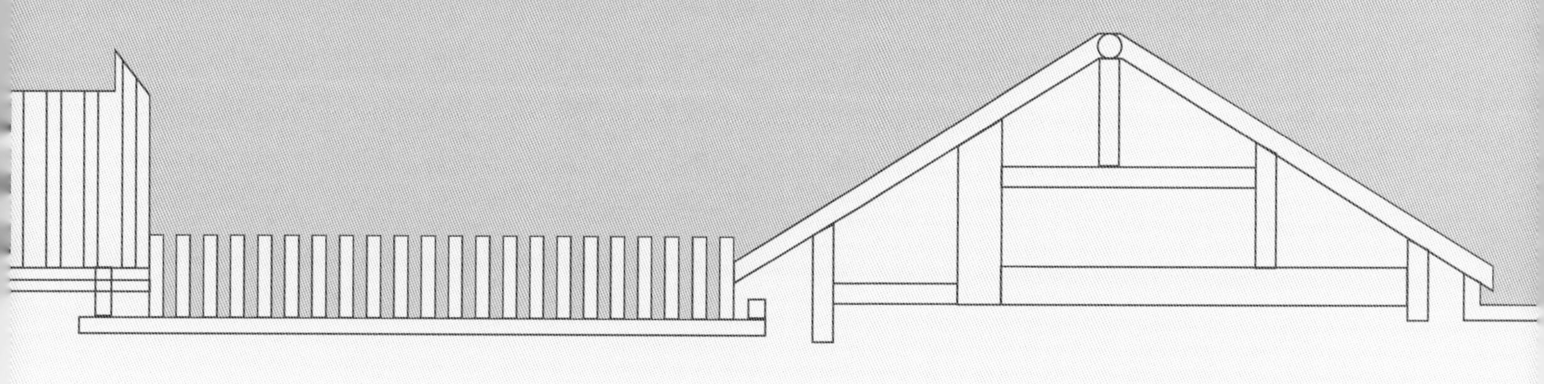

## 2.1 北方地区传统村落院落格局发展与演化

传统村落是地域文化、民俗风情的重要表现形式，受地理环境因素的影响，传统村落在空间上呈现出不同的形态特征。与此同时，传统村落的地域特色、文化内涵往往具有相似性、差异性、多样性。

北方地区的传统村落形态发展和变迁的因素存在于诸多方面，如堪舆理论、不同民族文化影响、社会和经济活动演变、家庭组织方式、土地变化等。北方地区的传统村落因地域分布广，自东向西遍布中国北方地区，跨度大。同时，北方地区由于历史的原因，形成了不同民族、不同文化的传统村落形态，尤其是北方地区处于古丝绸之路的主要通道上，形成了既有地域、民族、文化等独特的形态，同时在历史的发展、演变当中也呈现出各种文化交流、融合的特点。

## 2.2 北方地区传统民居建造工艺

北方地区作为中国文化的发源地，贯穿了中华民族五千年的历史。北方地区的传统村落在历史演变过程中，其传统民居建筑由较为单一的实用性民居逐渐发展到了实用与艺术性相结合的民居形式，并经过长久的发展，达到了一个建造技艺的顶峰。北方地区因地形相对平整且广阔，因此用地相对宽松，民居的建造材料就地取材，以木材、石材、土、砖等材料为主。

北方地区聚落选址通常设在平坦地段，大多数属于平原型的聚落空间结构，因此村落和宅院的布局都较为规整。由于材料大多为就地取材，建造工艺也是代代相传下来的，因此，在同一地区的建筑形式都较为统一。北方地区的民居院落大多采用南北朝向的合院式布局，其正房多为坐北朝南，院落方正且分布均匀，建筑排列整齐，高度有序。民居院落空间比较规整，变化相对较少，房屋的建筑轮廓相对缺少变化，宅院的临街立面朴实，通常为连片的高大院墙或倒座房的后檐墙，一般大门或门楼采用不同的制式及修饰，以取得宅舍不同风貌的门面。

北方地区除平原型的聚落外，在山西、陕西一带等地，其广阔的黄土地带，梁峁起伏，沟壑纵横，地形复杂多变。这里的窑洞群落，或是顺着梁峁沟壑的等高线布置，或是潜隐在大片的土塬之下，依山沿沟，层层叠叠，高低起伏。在建筑体型上仍然是北方风韵的古朴粗犷，建筑空间被厚重的实体所围合，建筑体量规整，体态敦厚。

总的来说，北方民居体现了其对地理条件的适应性，在交通、通信不发达的古代，不同地域之间联系因距离的限制而较为缺乏，这就形成了不同民族不同的建筑艺术风格。北方地区的民居由于地域、民族、文化等差异，其民居的形式也多种多样，但是在北方主要人口聚集地区，其民居形式较为相似，其中最主要的民居形式为合院式，此外山西、陕西等地黄土高原上的窑洞建筑也是北方地区具有代表性的民居形式。

### 2.2.1 合院建筑

北京四合院是合院建筑的代表，一户一宅，由一个或多个院前后相连组合而成。四合院以中轴线贯穿，北房为正房，东西两侧为厢房，南房为倒座，在合院中的庭院植花果树木，以供观赏。四合院里最重要的房间就是正房。正房就是北房，也称上房或主房。由于祖宗牌位及堂屋设在正房的中间，所以正房在全宅中所处的地位最高，正房的开间、进深和高度等方面在尺度上都大于其他房间。正房的开间一般为三间，中间一间为祖堂，东侧的次间住祖父母，西侧的次间住父母，而且老房子正房左边（东边）的次间、稍间比右边（西边）的略大，这是受“左为上”传统习俗影响的结果。

北京四合院设计与施工比较容易，所用材料十分简单，青砖灰瓦，砖木结合，混合建筑。整体建筑色调灰青，十分朴素，生活非常舒适。四合院的规模不同，空间格局略有差异。小四合院一般是北房三间，东西厢房各两间，南房三间，可居一家三辈，祖辈居正房，晚辈居厢房，南房用作书房或客厅。院内铺砖墁甬道，连接各处房门，各屋前均有台阶。中四合院比小四合院宽敞，一般是北房五间，东、西厢房各三间，房前有廊。前、后院之间以院墙隔开，以月亮门相通。前院进深浅显，以一、二间房屋以作门房，后院为居住房，建筑讲究。大四合院习惯上称作“大宅门”，房屋设置可为五南五北、七南七北，甚至还有九间或者十一间大正房，一般是复式四合院，即由多个四合院向纵深相连而成。

### 2.2.2 窑洞建筑

窑洞是北方地区最古老的民居形态，是黄土高原上居民典型的居住形式，它和黄土有着密不可分的关系，其历史可追溯到四千年前。窑洞主要分布在陕西、陕西、宁夏、甘肃、河南、河北等地区，当地人民创造性地利用特有的、深厚的黄土层，凿洞而居，创造了独特的窑洞建筑。窑洞的种类也是形式多样的，但按照大结构形式及建筑布局分类，一般有靠崖式窑洞、下沉式窑洞、独立式窑洞。其中，靠崖式窑洞应用较广，有靠山式和沿沟式两种，窑洞呈现曲线或折线形排列，窑洞建筑最大的特点就是冬暖夏凉，居住舒适，经济节能，同时建筑空间又与自然相和谐，朴素的外观在建筑美学上也是别具匠心。下沉式窑洞主要分布在没有山坡、沟壑可以利用的黄土原区，窑洞一般为下挖一个方形地坑院落，再向四周墙壁开凿窑洞，形成一个四合院，下沉式窑洞的特点是人在地平只见树梢不见房屋。而独立式窑洞是一种掩土的拱形房屋，有土墼土坯拱窑洞，也有砖拱石拱窑洞。这种窑洞无需靠山依崖，能自身独立，又不失窑洞的优点。可为单层，也可建成为楼。

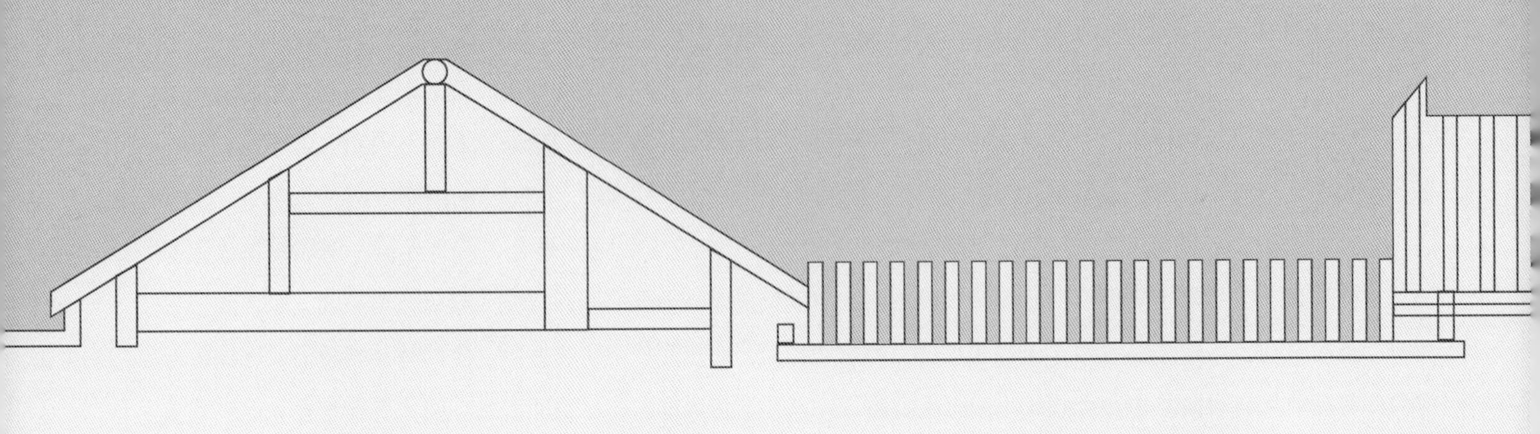

03

# 第3章

# 梁村传统村落发展与演化历程

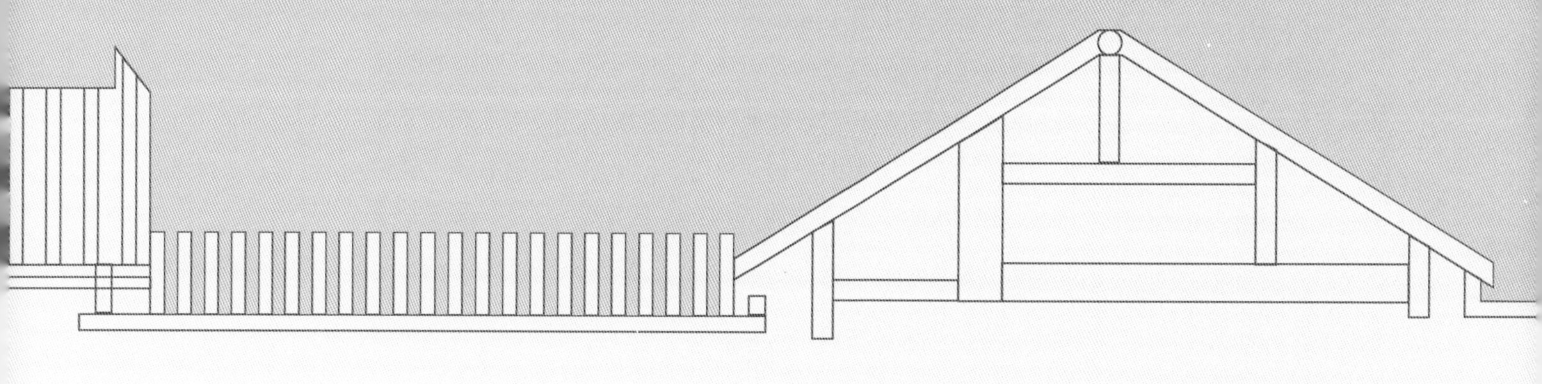

## 3.1 晋中地区传统村落院落格局发展与演化

山西历史悠久，文化积淀深厚，又称“三晋”，是中华民族发祥地之一，有文字记载的历史达三千年，被誉为“华夏文明摇篮”，素有“中国古代文化博物馆”之称。山西以其仰天独厚的自然环境和人文环境，形成了众多地域特征浓厚的传统村落。这些传统村落不但拥有优美的自然环境和各具特色的空间形态，而且体现着独特的传统文化特质和深厚的人文内涵。

山西传统村落在其特有的自然环境中，受当地社会人文、风俗习惯、宗教信仰等因素的影响，经过长期发展而形成。山西的传统村落数量庞大、历史久远，其形成方式、形态特征是在一定的自然环境和人文历史这两个重要因素相互作用、相互影响下逐渐形成的。山西传统村落因地制宜，因境而成，功能合理，具有较高的科学、历史和艺术价值。所以，研究山西传统村落，对于揭示我国传统村落环境建设的规律与机制，总结传统村落的营建经验，合理保护、传承我国优秀的历史文化遗产，促进地方经济的发展，具有重要的科学意义和实用价值。

山西位于我国内陆，地处黄河中游，位居华北西部黄土高原东部，因在太行山之西，而称“山西”。山西东、西、南三面与邻省有天然分界。东有太行山作天然屏障，与河北省毗邻；西以黄河为堑形成晋陕大峡谷，与陕西省相望，北抵长城脚下，与内蒙古相隔，南以黄河、中条山与河南省为界。

山西地形复杂，整体地势为东北高、西南低，境内有山地、丘陵、高原、盆地、台地等多种地貌类型，是我国黄土高原的组成部分。山西地表广布黄土，特殊的地质构造对于山西早期窑洞建筑的产生和发展具有得天独厚的地理及资源条件。在生产力水平极度低下的原始社会，它最容易被先民利用，穿土为窑，就陵阜定居，从而使山西成为中华文明发育最早的地区之一。文明初期的山西，雨量充沛，自然植被茂盛，是最早学会利用煤炭资源的省份，所以冶金业和建材业都比较发达，为山西民居的建设提供了有力的资源保证。

山西的历史文化丰富多彩，脉络清晰，框架完整，其文明进程从未间断，且影响深远。山西在距今180多万年前就有人类劳动、生息、繁衍，传说中的中华民族的始祖黄帝、炎帝都曾把山西作为活动的主要地区，上古尧、舜、禹，都曾在山西境内建都立业。夏代时晋南及晋东南地区，是乡民聚居和活动的重要地区。周代，周成王分其弟叔虞于此，后改“唐”为“晋”，晋国由山西境内崛兴，“晋”成为山西省的简称。战国时期，韩、赵、魏三家分晋，“三晋”遂成为山西的别称。晋、南北朝时期，山西是北朝统治的中心地带，北魏曾以平城（今大同）为都，之后的东魏、北齐也曾以晋阳（今太原）为“别都”、“陪都”，这对民族文化交融、促进山西发展起到了积极的作用。明、清时期，晋商活跃，商业迅猛发展，晋商跻身中国十大商帮之首，不仅创造了中国商业金融的辉煌，同时也创造了灿烂的山西聚落及民居文化。

山西自然地理环绕，复杂多样，人文地理环境异彩纷呈，这些影响着传统村落的选址，空间布局与建筑形式，形成了多样的村落形态，在地势平缓的平原地区村落多为集中式布局，民居建筑为院落式，格局较为规整。而在山地、丘陵地区，村落依势而建，院落狭小，建筑多为分散式布局。

山西的传统村落既存在共同性特征，也存在地域性差异。从历时性来看，众多的考古资料证明，山西传统村落从其产生、发展及其演变，建立了一条较为完备的发展序列，反映着与华夏文明一脉相承的发展历程。从地域自然资源来看，山西有着丰富的矿产资源和植被资源，传统村落因不同的地域资源能够因地制宜、就地取材，形成了多样的形式、结构及规模，使得不同地区的传统村落形态呈现独特的地域风貌。

山西传统村落按照行政区划分大致可分为五个区域，即晋西、晋北、晋中、晋南、晋东南。其中，晋西：主要包括吕梁市大部和临汾等；晋北：主要包括忻州、朔州、大同等；晋中：主要包括晋中、太原、阳泉等；晋南：主要包括临汾、运城等；晋东南：主要包括长治、晋城等。

山西的文化类型由于受到自然及人文条件影响呈多样性分布，传统村落也随其所处的地域不同，呈现不同的格局形态。从东西来看，晋东南地区与河北文化类型相似，晋西地区则含有陕西文化因素；从南北来看，晋南地区又有河南文化因素；而晋北地区的文化类型则与北方草原地区在题材、结构、风格上明显统一。

### 3.1.1　晋中概况

晋中地区由太原市、晋中市、阳泉市和吕梁市少部分县市组成，是山西省的政治、经济、文化中心区域。历史上，山西的政治中心曾在晋南，当时的晋国管辖区域只有现在山西的西南一隅之地。至晋文公，随着军事势力逐渐向北发展，到韩、赵、魏三家分以前，晋地已扩展到娄烦、忻州、代州和云中一带，大约在公元前5世纪前建立晋阳城（太原），山西的政治中心逐渐北移，晋阳成了山西的首府，晋中也就成为山西省名副其实的中心区域。

在明清时期，晋中商人创立票号，逐渐成为国内势力最雄厚的商帮，累积了大量财富，并在其所在家乡大规模修建宅院。这些晋商所修建的宅院无论在规模上，还是在质量上，都显示出晋商的地位、身份和实力，同时这些宅院也体现了晋商的文化观念和价值取向。现今，这些留存下来的宅院使人们感受到晋中地区深厚的文化底蕴、精美的雕饰工艺、独特的意境构思，仿佛走进晋中灿烂历史文化的艺术殿堂，并成为人们解读明清时期山西政治制度、经济体制、社会风俗、建筑技术与艺术的活化石，是山西民居建筑的杰出代表。

### 3.1.2 晋中的自然环境

晋中地处黄土高原东部边缘，地势东高西低，山地、丘陵、平川呈梯状分布，大部分地区海拔在1000米以上。

晋中地区境内总体表现为东部山地、中部盆地、西南部山地和西部汾河谷地四个地貌特征。东部山地处于太行山脉中段，属典型岩熔性的高中山、中山地貌，海拔多在1500米以上，山势南北走向，南高北低。中部盆地是新生代以来形成的新裂陷带，北高南低，海拔在700~900米间。西南部山地为太岳山脉北端，有发育完好的倾斜单面山，东缓西陡，山势险峻，属高中山、中山地貌。西部汾河平川沿汾河呈带状分布，海拔多在800米以下。晋中属暖温带大陆性季风气候，总体特征为：春季干燥多风，夏季炎热多雨，秋季天高气爽，冬季寒冷少雪。

### 3.1.3 晋中的人文环境

晋中地区历史悠久，是黄河流域农业发祥地之一，农耕底蕴厚重，早在100万年以前，就有人类繁衍生息。仰韶文化时期，这里已从刀耕火种的原始农业进入了“耜耕”栽培阶段。春秋战国时期，农业已经占主导地位，到隋、唐、宋、元时期，逐步形成了精耕细作的生产方式。

晋中地区历史上其商业也曾相当发达，南北朝时，晋阳成为北齐的别都，商业兴盛，已成为汾酒的集散地。盛唐时期，晋阳是仅次于长安、洛阳的大都市，商业发展十分繁荣。宋太宗焚毁晋阳城后，在唐明镇筑新太原城，商业得到恢复发展。宋代之后，随着盐运业的国退民进，晋中商人得到了发展的契机，这对以后晋商的辉煌产生了深远影响。到明代，实行开中制，太原成为九边重镇之一，随着城垣的扩大，商业又有了新的发展。至明中叶，平遥商人已经形成晋商中一支重要的力量，后称“平遥商帮”。古文有载，到明代晋商已在全国享有盛誉。清代初期，晋商的货币经营资本逐步形成，不仅垄断了中国北方贸易和资金调度，而且插足于整个亚洲地区。晋中是晋商故里，曾经创造了举世瞩目的金融业奇迹。晋中商人其商号店铺遍布全国各地。甚至把触角伸向欧洲市场，从南自我国香港、加尔各答，北到伊尔库茨克、西伯利亚、莫斯科、彼得堡，东起大阪、神户、长崎、仁川，西到塔尔巴哈台、伊犁、喀什噶尔，都留下了晋商的足迹。1824年，在平遥诞生了中国历史上第一家金融机构“日升昌”票号，以此为代表的山西票号“汇通天下”，走西口，揽中华“执全国金融之牛耳”，创造了“海内最富”的奇迹，平遥城的鼓楼南大街曾被喻为“中国的华尔街”。

明清时期，晋商称雄国内商界五个多世纪，“生意兴隆通四海，财源茂盛达三江”，是他们的真实写照。他们的成功，令人注目。明清山西商人的成功，就在于他们是在一定的历史条件下自觉和不自觉地发扬了一种特殊精神，它包括进取精神、敬业精神、群体精神，我们可以把它归之为“晋商精神”。这种精神也贯穿到晋商的经营意识、组织管理和心智素养之中，可谓晋商之魂。

### 3.1.4 晋中的传统村落特点

晋中地区地形多样，因而传统村落空间格局也具有多样性，但是按照村落依据选址所在的地形地貌可以分为山地型村落和平原型村落两大类。这些传统村落通常是以血缘关系为基础的家族聚居而逐渐形成，选址大多是在地势较为平坦、交通相对便利、接近水源、有利耕作、自然条件较优越的地方。村落的规模有大有小，规模的大小是由地理环境、经济条件、家族规模等多种因素而决定的，一般距离城镇较近、交通便利、土地肥沃。耕地比较多的地方，往往聚居人口较多，因而，形成的村落规模较大，而处于偏远山区，自然条件差、交通不便、土地贫瘠的乡村，规模都比较小。

晋中地区传统村落的选址有“择水而居、负阴抱阳”的特点。传统农耕时代，人们的生活、耕种等都离不开水，选址临近水源，择水而居，是最佳的选择。因此，晋中地区传统村落选址一般靠近河流、湖泊，即使是在山区，也是靠近山涧盆地附近。现今保存较好的传统村落，主要集中在黄河流域、汾河流域和沁水流域，符合择水而居的一般规律。传统村落的基址一般会靠近山脉，背山面水，负阴抱阳，以起伏延绵的山势作为背景建设村落，利用山地的阳坡建设民居，朝向好，有利采光，排水顺畅，无论从自然景观还是从生态环境来看，都是最佳的选址。这样的基址不仅有利于节约耕地，满足农耕经济的需要，更是传统村落空间与自然环境的完美融合。此外，许多山地村落依山就势、高低错落、灵活布局，村落整体形态与周围的山脉绿地等自然环境融成了一体，相互渗透，呈现出自然山水与传统建筑交相辉映的特色。

## 3.2 晋中地区传统民居建造工艺

### 3.2.1 晋中民居的特征

明清时期，晋中商业日益繁荣，形成富甲一方的“晋商”群体。这些“晋商”受传统思想影响，在聚集财富之后，投入了大量的钱财在其所在的家乡地修建宅邸，以示荣归故里、光宗耀祖。晋中商人尊尚等级秩序的传统观念，“尊卑有别、长幼有序”的等级门第观念深厚，其院落空间体现出尊卑等级秩序。晋中民居功能布局设计也以传统“礼”制作为指导思想和基本原则，即“礼别异，尊卑有分，上下有等”，长辈住上屋，晚辈居厢房，女流处内院，家仆置偏处，各有安排，不能逾矩。同时，院落中用于礼仪活动的面积也大大超过用于起居生活的面积，主院落的用途一般是为了进行礼仪活动而设置，成为主人身份等级、社会地位的标志。院落也因对外礼仪功能不同，而有多种的布局和配置，如轿厅、花厅、女厅等不一而足。晋中商贾大院比较客观地反映了中国封建宗法社会所追求的等级门第观念。

晋中民居在全国都闻名遐迩，其规模宏大、质量上乘，而且类型丰富，具有较高的建筑技术与艺术水平。晋中民居其构建类型主要包括商号宅院、家族大院、城镇宅院、堡寨民居、山地窑院、三三制宅院等。

### 3.2.2 晋中民居的类型

#### 3.2.2.1 商号宅院

商号宅院多分布于商业城镇中，其既能居住，又能经商。宅院临街为商业店铺，内院为居所，建筑具有晋中民居的传统特色，将使用功能和建筑艺术的完美结合。宅院通常采用二进式或三进式，庭院和厢房沿中轴线对称布局。院落沿中轴线有序布置，形状大小不一，纵横交错，辅以门庭、洞门、过厅和夹道等多种空间过渡方式，将面积不大的庭院在空间组合上形成了丰富的变化，创造了幽深静谧的舒适环境。

#### 3.2.2.2 家族大院

晋中多家族大院，其中以王家大院、乔家大院为代表的。家族大院由许多宅院组合而成，为规模宏大的集中式宅院群，这些宅院群基本都是由四合院建筑并联或串联组合而成的。一般院落多由大门倒座、过厅、正房及前后两院厢房组成。

#### 3.2.2.3 城镇宅院

在晋中地区，以平遥为代表的，有着大量的城镇宅院，此类民居的规模大小及建造工艺受限于经济条件和社会地位的不同，形成多样的院落空间，院落的布局有一进院、数进院、穿堂院、正偏院、隅合院等。

普通人家院落较窄小，房屋多为木结构瓦房，单门独户，不修装饰。大户人家的宅院多为三进院或多进院，有的还建有偏院、场院等。多进院中以垂花门相隔，或建有过厅。

#### 3.2.2.4 堡寨民居

山西与内蒙古相接，历史上受到边疆文化的影响，修建了不少具有防御功能的堡寨民居。晋中也修建有具有防卫功能的堡寨，不少堡寨距今已有两百多年的历史，堡寨形制、布局基本属同一类型，由堡墙、街、坊、院组成，堡寨聚落在外部构筑堡墙，堡前布置大门，称为“堡门”。堡寨内部集各个院落形成街坊，堡内各院落的建筑风格不尽相同。堡寨民居绝大部分是采用聚族而居的方式，堡中各家各户都有各自的宅院，再由数十个宅院毗连而形成一个街坊。

#### 3.2.2.5　山地窄院

晋中地处山区的民居呈山地窑洞窄院形态，民居大多坐北朝南，正面设窑洞三眼，两侧各配瓦房三间，靠南的倒座筑有高大门楼，门槛外配以石狮或长方形青石墩，门旁设上马石。有些宅院，呈“工”字形，坐北朝南，正面窑洞三眼，配前檐，两侧各配窑洞三眼，无檐。门两旁各为起脊瓦房五间，设门楼，且高大与瓦房脊平。

#### 3.2.2.6　三三制宅院

以正房、厢房、倒座等三间构成的四合院，称为三三制宅院，晋中地区宅院也较多采用此种形式。富庶家族的大型宅院通常由许多这样的四合院组成，建筑高大坚实，院落窄长，居住其间冬暖夏凉，相当舒适。此外，较大宅邸也有正房五间或七间的，厢房在里院七间，外院五间，或里院五间，外院三间。

## 3.3　梁村传统村落现状调查分析

### 3.3.1　概况

梁村位于世界文化遗产——平遥古城东南6公里处，面积6.2平方公里，耕地120公顷，人口4500人，古有平沁古道穿村而过，今有平盂公路从村西、南通过（图3-3-1、图3-3-2），是一个历经沧桑、尽透古意、有着深深汉民族历史文化情结的古村。这里民风淳朴、文化底蕴深厚，“一街五堡”之结构，实为古式民居之杰出范本。其中，“一街”，指古源街，总长1060米；“五堡”，指村中的五个古堡，其传统建筑面积为134200平方米，拥有集中反映地方建筑特色500平方米以上的大院70座，现保存基本完好。同时，梁村也是一个欣欣向荣、稳步发展的社会主义新农村。集体经济稳步发展，2005年人均纯收入3156元。农民生活日益改善，人均住宅用地面积达70平方米，户均264平方米。

梁村自然环境得天独厚。地处汾河支流惠济河夹角之处，南连太岳高峰孟山，北衔平遥最大水库——尹回水库。地势似两条山蛟龙，“龙头相聚”，“龙饮河水”。“龙脊”负有

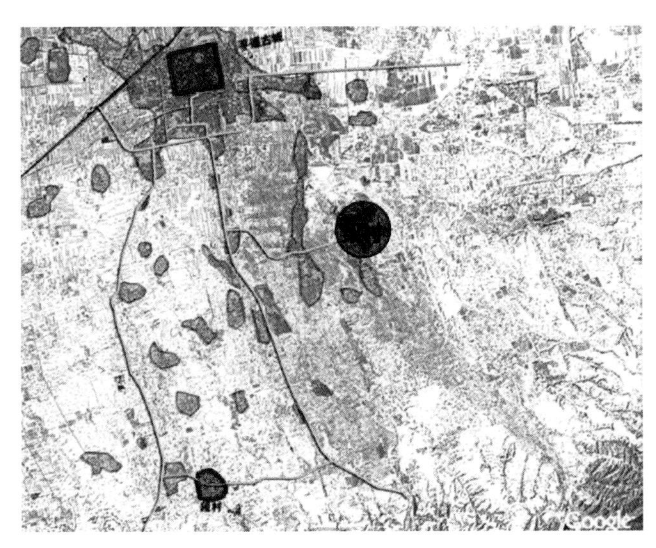

1 | 2

图3-3-1 **梁村区位图**

图3-3-2 **梁村卫星图**

古村梁村，里“凤凰展翅”之状，显“双龙拥凤”之势，气势雄伟壮观，堪为绝佳之地。这用沟壑纵横，丘峦起伏，水陆交汇，水源充沛，具有典型的丘陵风光，古有“北方小江南”之称。

誉为平遥八大名景之一的“神池泉涌”，位于梁村南部，以每秒3立方米的流量绕村而流，四季不断，因此梁村盛产“藕根大米”，久负盛名。民谚云：“平遥四百零八村，数一数二数梁村；好闺女，嫁梁村，藕根大米送人情”。可见梁村昔日之辉煌，风光之秀美。而“先有神池梁村，后有平遥古城”之说，更道出了梁村古老的文化底蕴。

梁村集古代佛教文化、晋商文化、建筑文化、饮食文化、民俗文化为一体，历史悠久，底蕴深厚。据考，梁村远在唐初已具一定规模，可上溯至夏商之时，村舍建筑，境域地名称谓，无不秉承华夏“龙凤”文化源流，如：“龙乳头”、“朝阳头”、“灵射头”、“小蚊沟”等古称，皆喻“龙势”。古源街的北真武庙（现为广胜寺）为“凤头高昂”：隔沟而建、雄踞东西的东和堡、西宁堡，似“凤翅双展”；中有南乾堡、昌泰堡为腹中藏样；南有天顺堡为“凤尾高扬”；真武庙头后百米处建关帝庙喻“忠心在心”：左肩部建有古刹积福寺、源公宝塔、观音堂、神棚、古戏台等佛道教寺庙建筑群。

古堡文化更显梁村历史价值。五个古堡各成体系，皆筑有堡墙、堡门、门楼。门楼上供奉“三官”，古称“社社”，系古民间闹社火等社会活动召集组织处。堡内现存建筑分属不同时期、不同阶层，古色古香的民居，演绎了梁村历史文化，展示了人文和社会经济发展的历史轨迹。东和堡可上塑于夏商之时，五代十国已成堡形，现存20余孔土窑洞（靠崖窑），为远古居民“涮居火存”之遗存。该堡孤岗高耸，民居呈“北斗七星”之状分布：西宁堡三面环水，水堡相映，景色秀丽。堡内现存“关帝庙”、“玄武庙”各一座。南乾堡街巷呈“玉”字形分布，昌泰堡街巷呈“土”字形分布，天顺堡街巷呈“王”字形分布，系古时“土生玉”之文化。天顺堡建成于康乾盛世，占地5公顷，堡内街道狭深，高墙耸立，大院连连，美丽秀雅，多为三进院落，一色青砖灰瓦，宅阔檐深，砖雕木刻，工艺绝伦，勾栏瓦舍，别具特色，属当今极为罕见、保存较完整的晋商故居。古居民多为晋商票号掌柜、总管及当地名流所建。若能将其保护利用，将在延伸晋商文化、古城文化、大院文化中起着不可替代的作用，将成为世界文化遗产——平遥古城的重要补充。

梁村自古为风水宝地，人杰地灵，历史上曾出现过诸多英贤。宋代“在朝次官寇添瑛”碑文载待考；元贞二年所建“渊公宝塔”的“渊公”是何人有待考证；还有“蔚泰厚”票号经理毛鸿翰，著名商人冀桂、邓万庆，清代举人、民国政府议员冀鼎选等。据不完全统计，明清时期经营店铺票号的掌柜、经理就达百人之多，还有为民族解放而献身的数十名英烈，举不胜举，许多名人轶事，有待考察整理。

梁村的民俗文化也十分丰富，像“闹社火”、“祈雨仪式”、“求子纳福”、“婚丧礼仪”、“节日文化”、“武术文化”、“饮食文化”、“建筑文化”等历史文化对研究汉民族文化有重要价值。

梁村的名优特产也久负盛名。人称“小人参”的“长山药”种植，传承已久，走俏市场；“藕根大米”风味独特，自古名传；种植的“韭菜”样好味美，十分抢手。这些都体现了梁村人民高超的种植技术和勤劳淳朴的优良文化传统，这也正是梁村面向未来、蓬勃发展的巨大动力源泉。

近年来，村委围绕农业稳村、企业富村、旅游兴村的发展思路，带领广大群众艰苦奋斗，加强基础设施建设，引进纳植企业，解决了道路交通问题。国青公司生产的“同盈牌”无公害鸡蛋，已通过国家绿色食品认证。村内真武庙（广胜寺）、观音堂，渊公塔等一批古迹相继修复，被确定为佛教活动场所。

另外，梁村还有132座历史传统院落，这些院落多为清代巨商故宅，如冀氏故居、冀桂故居、毛鸿翰故居、毛鸿举故居、邓旺庆故居、毛鸿祥故居、冀鼎选故居、邓氏故居、自氏故居、梁氏旧宅、史氏旧宅……这些宅院记载了晋商的历史，见证了清代这一地区的繁荣和兴盛（表3–3–1）。

### 3.3.2 历史沿革

根据《平遥古城志》记载：“相传（平遥的）原城始建于周宣王时期（公元前827年~公元前782年），为西周大将尹吉甫北伐捡犹时驻军于此而建，迄今已有2800多年的历史。”根据民谚传说：“先有源池梁村，后有平遥古城。”“平遥四百零八村，数一数二数梁

**梁村主要建筑一览表** 表3-3-1

| 名称 | 位置 | 情况 |
| --- | --- | --- |
| 东和堡 | 真武庙东200米 | 东和堡位于风头真武庙之东，占地面积约0.67公顷，四面环沟，孤岗独立，易守难攻。东和堡街道呈“北斗七星”之状分布，有东西两门，西门最古，为建堡时所建，称“黑洞门”，卵石砌洞，门道陡险，长约30余米，集排水、通行、防卫于一体；东门为民国10年所建。据碑文记载，堡内民居、三官庙、黑洞门等于清乾隆年间至民国初年维修兴建 |
| 西宁堡 | 真武庙东400米 | 西宁堡位于真武庙之西，占地约0.54公顷，北、东、西三面临水，南为堡门。北东为绝壁悬崖，深为30米，东与源公宝塔、真武庙隔水相望，“堡塔水影”为十大名景之一。堡内为十字街巷，共有13座民居，北巷尽头筑两层玄武楼，南门外有老爷庙 |
| 南乾堡 | 古源街西 | 南乾堡位于村中古源街面，与古西街相交，唐宋时成形，堡内古街呈“玉”字形结构，一条南北主街，七条小巷，总长850米。街区占地面积约5.34公顷，现存58座古院。从堡内古井碑记、民居门匾考证，多数在清乾隆前后补修重建。南乾堡堡墙雄伟高大，土夯而成，高10米，平均厚3米，顶部1.5米，古排水设施尚存，周长1200米。南北两堡门对开，南门为“火”门道，北门为“水”门道，一条50米的卵石斜道穿门而过。堡门为两层建筑，下层为砖砌拱券门洞，跨度4米，拱高5米，上层为门楼，肃穆庄严，古朴沧桑 |
| 天顺堡 | 古源街南 | 天顺堡位于梁村核心区南部（凤尾），占地约4.67公顷，始建于明代，清乾隆年间建成，现保护最好，是名副其实的“明清”堡。堡墙应势土夯而成，现存北门为两层建筑，上层为砖木结构小楼，内供三官，下为砖砌券门洞，高耸独立，堡内古街外与古源街相连，内呈一条南北主街、六条东西小巷的“王”字形结构，总长750米，32座民宅分布其中，布局整齐，充分体现了古堡建筑的对称美。堡内有清乾隆四十五年所立古牌一通，可为天顺堡史证 |
| 昌泰堡 | 古源街东 | 昌泰堡占地约2.67公顷，内部街道呈“土”字形布局，内有大量传统民居，保存较好 |
| 真武庙 | 古源街北端 | 占地0.1公顷，正殿为上下两层，历代多次重修，现存为清代建筑 |
| 积福寺 | 古西街北 | 占地约0.47公顷，现存正殿五间，钟楼一座，石碑两通，其中正殿具有唐代建筑的风格 |
| 渊公宝塔 | 积福寺后 | 建于元贞二年，塔高7米，造型优美 |
| 关帝庙 | 古源街东 | 建筑面积600平方米，保存完好 |
| 观音堂 | 古源西街中段 | 保存完好 |
| 神棚 | 古源西街中段 | 保存完好 |
| 古戏台 | 古源西街中段 | 建筑面积1300平方米，保存完好，前檐石柱上刻有楹联，后台为窑洞，非常奇特 |
| 源神庙 | 村南神池附近 | 占地约0.34公顷，建筑面积1300平方米，保存完好 |

村。”由此推断，梁村的始建年代当在周宣王之前。梁村积福寺现存碑文记载：“平遥县梁村里积福寺于唐贞观二年（公元628年）始建。”说明在唐贞观二年即已经有了梁村，并且已经建庙。根据积福寺碑文记载，梁村的东和堡建于两晋南北朝时期，随后修建了西宁堡。两个古堡内的建筑基本都是土窑，现在已基本被废弃。唐朝时期，在积福寺的南侧聚集了大量的院落，随着居住人口的逐渐增加，在这些院落的南侧高地形成了南乾堡。昌泰堡位于南乾堡东侧平地，大约形成于元代，主要居住着从积福寺南侧院落迁移过来的史姓家族。天顺堡位于南乾堡的南侧，于清代由中国第二大票号蔚泰厚的掌柜毛鸿翰与毛氏、邓氏、冀氏、自氏等家族共同兴建。近代以来，梁村人口增长较快，古堡居住逐渐拥挤。20世纪80年代开始，随着农民收入的增加和传统住宅的老化，导致很多农户人口向堡外迁移，村庄开始在古堡的四周扩张，形成了今天的村落格局和肌理。

### 3.3.3 村庄家族历史

梁村历史悠久，从古到今主要居住了冀、史、毛等24个姓氏的24个家族。冀氏家族在元代时期居住在东和堡，东和堡废弃以后，一部分迁往积福寺南侧的地段，随后迁入了南乾堡，并在南乾堡修建了冀氏宗祠。目前南乾堡60%的人姓冀，其他堡内也有冀姓人士。史氏家族大致在明洪武三年从赵村北堡迁来，居住在积福寺南侧区域。后来家族兴盛，人口增多，逐渐迁到几个堡内居住，其中主要集中在昌泰堡。毛氏家族是梁村诸多旺族之一，其参与修建了天顺堡。毛家祖先最早以种田为生；到清代中期，毛家鉴于村中地少人多，村民多外出务工从商，于是也开始步入商海。毛家祖辈如毛鸿翰、毛鸿举曾经是晋商平遥帮历史上有重大影响的票号老版，在一个时期曾为平遥票号业之行首。

### 3.3.4 价值特色

#### 3.3.4.1 盛唐遗风——里坊式的古堡格局

梁村古堡文化非常丰富，其考究的方位，井然的布局，精心的选址，均是非常难得的。古堡文化是体现梁村历史文化价值的重要部分。

梁村核心区就有一街三堡，占地124200平方米，建筑面积44307平方米。民居由堡墙围绕，堡与堡各成独立体系，古源街为中枢，将核心区连为一体。古源街总长1060米，古时“神池之水”过街穿村而流，向西北注入惠济河，同时也是南乾堡、昌泰堡、天顺堡之排水、通行通道，沿用至今未变（图3-3-3~图3-3-8）。而三堡中南乾堡墙保存较为完整，周长1200米，高10米，平均厚度3米，三堡堡门皆为拱券式洞门，为古代防御盗贼、土匪侵扰之屏障。

| 3 | 4 |
|---|---|
| 5 | 6 |
| 7 | 8 |

图3-3-3　**南乾堡主街**

图3-3-4　**古西街南眺**

图3-3-5　**南乾堡街道**

图3-3-6　**昌泰堡街道**

图3-3-7　**天顺堡主街**

图3-3-8　**天顺堡街巷**

三堡街形各呈“土”、“王”、“玉”，体现了古代五行学之“生克”理论。宅院建筑也呈狭长的平面布局和封闭内聚的院落空间，体现了丰富的堪舆理论和民俗特色，如：房屋布局兼顾“三安”、“六事”，宅门、厅堂、居室尺寸讲究相生相克。正房高、厢房低，主次分明。东房高、西房低，山墙高，有阻火功能，为“封火山墙”。外墙不开窗。其他如悬鱼、脊饰、影壁等各蕴深意。

古堡作为一种防御体系对梁村这样一个商家众多的村落具有十分重要的意义。从村落总平面图来看，古堡内部的格局与唐代里坊制中坊的布局有相似之处。堡中道路呈“十”字或是“丁”字相交，整个堡只有一个或最多两个对外的堡门，有高大厚重的堡墙。从古堡的选址来看，梁村的五个堡都选择了地势相对高起的台地作为建筑基址，其中东和堡选在山头之上，西宁堡则三面环水，其他三堡地基也都高于堡外。这些都说明了古堡是作为防御性的建筑群而建造。梁村古堡不仅在建筑上价值突出，在文化上，亦是对平遥古城票号历史的另一层阐释。步入梁村，堡墙夹道，不管是“日”字形两进民居古院，还是“目”字形三进民居古院，风雨剥蚀的夯土墙也好，整齐平直的砖墙也好，统统装入古堡内。古堡中展示了平遥票号蔚泰厚之经理（大掌柜）、曾一度为平遥票行行首的“蔚”字五联号总管毛鸿翰等票号大老板的家庭生活与人生观，展示了清代中期至民国时期梁村的经济发展，展示了梁村人称雄中国票号与商界的风姿，为平遥票号史内容做了补充。

**五座堡的情况介绍**

1）东和堡

东和堡位于真武庙之东，占地面积约0.67公顷，四面环沟，孤岗独立，易守难攻。堡西南为东沟稻田，堡东为旱塬良田，堡北为“朝阳头”、“龙乳头”、“惠济河”、“尹湖”，自然地理环境十分优越。东和堡街道呈“北斗七星”之状分布，有东西两门，西门最为古老，为建堡时所建，称“黑洞门”，卵石砌洞，门道陡险，长约30余米，集排水、通行、防卫于一体；东门为民国10年所建（图3-3-9~图3-3-11）。堡内现存古槐两株，现存古土窑洞（靠崖制）20余孔，均为夏商时建，为远古居民“洞阳穴存”之遗址。据碑文记载，堡内民居、三官庙、黑洞门等于清乾隆年间至民国初年维修兴建。梁村所有冀姓居民在不同历史时期由该堡迁出。

2）西宁堡

西宁堡位于真武庙之西，占地约0.54公顷，北、东、西三面临水，南为堡门。为绝壁悬崖，深为30米，东与“渊公宝塔”、“真武庙”隔水相望，“堡塔水影”为十大名景之一。堡内为十字街巷，共有13座民居，北往尽头筑两层玄武楼，南门外有老爷庙，现存古槐两株。

3）南乾堡

南乾堡位于村中古源街西，与古西街相交，唐宋时成形，堡内古街呈“玉”字形结构，一条南北主街，七条小巷，总长850米。街区占地面积约5.34公顷，现存58座古院，多为“日”字形两进院落，建筑年代久远。从堡内古井碑记、民居门匾考证，多数在清乾

隆前后补修重建。院门隔巷，相对而开，门楼建筑，门匾装饰，古色古香，各具特色。堡内尚存冀氏宗祠一座，唐槐两株，古“社社”三座（图3-3-12~图3-3-20）。

南乾堡堡墙雄伟高大，土夯而成，高10米，平均厚3米，顶部1.5米，古排水设施尚存，周长1200米。南北两堡门对开，南门为“火”门道，平而高，北门为“水”门道，低而斜，一条50米的卵石斜道穿门而过，落差四米。堡门为两层建筑，下层为砖砌拱券门洞，跨度四米，拱高五米，上层为门楼，内供“三官”，上下总高15米，肃穆庄严，古朴沧桑。

4）天顺堡

天顺堡位于梁村核心区南部（凤尾），占地约4.67公顷，始建于明代，清乾隆年间建成，立碑铭记。它建筑最美，保护最好，是名副其实的“明清”堡。

堡墙应势土夯而成，现存北门为两层建筑，上层为砖木结构小楼，内供三官，下为砖砌券门洞，跨度4.5米，拱高5米，总高12米，高耸独立，雄风犹在。堡内古街外与古源街相连，内呈一条南北主街、六条东西小巷的“王”字

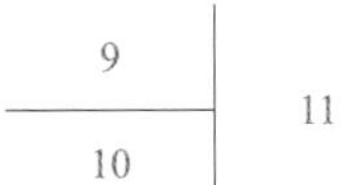

图3-3-9　东和堡堡门

图3-3-10　东和堡远眺

图3-3-11　东和堡内景

| 12 | 13 | 14 |
| --- | --- | --- |
| 15 | 16 | 17 |

图3-3-12　南乾堡南门
图3-3-13　南乾堡北门
图3-3-14　堡门门楼
图3-3-15　古民居门楼
图3-3-16　北门街道
图3-3-17　古民居门楼

形结构，总长750米，32座民宅分布其中，布局整齐，充分体现了古堡建筑的对称美（图3-3-21~图3-3-28）。

堡内院落多为“目”字形三进豪院，每座占地约0.17公顷，墙头高大，宅阔檐深，门楼高耸，各具特色。门头牌匾随各含深意，檐栏绘画，门窗镂刻，斗栱木雕，砖、木、石三雕工艺绝伦，保存完好。古时多由冀桂、邓旺庆、毛

| 18 | 19 |
|---|---|
| 20 | |

图3-3-18 **古民居院落1**

图3-3-19 **古民居院落2**

图3-3-20 **古西街至娘娘庙街道**

| 21 | 22 | 23 |
|---|---|---|
| 24 | 25 | 26 |
| | 27 | 28 |

图3-3-21 天顺堡堡门

图3-3-22 天顺堡堡门门楼

图3-3-23 天顺堡街巷

图3-3-24 天顺堡门楼局部

图3-3-25 天顺堡街巷

图3-3-26 天顺堡南侧影壁

图3-3-27 天顺堡门匾

图3-3-28 天顺堡堡门入口

鸿翰等晋商名流、先祖富豪所建，仅毛氏一家，在堡内就建有九所豪宅，可见天顺堡是梁村后起精英聚居区。堡内有清乾隆四十五年所立古牌一通，可为天顺堡史证。

5）昌泰堡

昌泰堡占地约2.67公顷，内部街道呈“土”字形布局，内有大量传统民居建筑，保存较好（图3-3-29~图3-3-39）。

| 29 | 30 |
|---|---|
| 31 | 32 |

图3-3-29　**昌泰堡堡门**

图3-3-30　**昌泰堡门匾**

图3-3-31　**昌泰堡古民居门楼**

图3-3-32　**昌泰堡古民居大门**

| 33 | 34 |
| --- | --- |
| 35 | 36 |
| 37 | 38 |

图3-3-33 昌泰堡老爷庙

图3-3-34 昌泰堡街道

图3-3-35 古民居门窗

图3-3-36 古民居石雕

图3-3-37 堡墙

图3-3-38 昌泰堡街巷一角

6）独具特色的堡墙

梁村五堡各成体系，均建有堡墙，各具特色。东和堡孤岗独立，堡墙低矮，西宁堡西与北为悬崖峭壁，东南堡墙雄伟而高大，呈半壁堡。天顺堡依势而建，堡墙与房墙融为一体。梁村的古堡堡墙保存完整连续，均为夯土墙，高大厚实，气魄雄伟。为防止雨水对堡墙的破坏，在堡墙之上设排水沟汇集雨水，并在巷道末端设砖砌排水道，把堡墙上的雨水排下，有效地保存了堡墙。其中，最具代表性的是南乾堡堡墙。

南乾堡堡墙用土打而成，高10米，平均厚3米，顶部1.5米，周长120米呈方形。排水设施留在巷顶端正中，青砖砌成。堡墙与堡门构成了完整的防御体系。堡门为两层建筑，为砖砌拱形门洞，跨度4米，拱高5米，上层为门楼，内供三官，上下总高15米。据传南乾堡是先修堡墙后修民房，形成的年代无从考究。如此浩大的工程足以显示了劳动人民的智慧。当时筑堡墙所用一块夯石，高约90厘米，宽余50厘米，重百余斤，需8人合用，足见当时筑墙之艰辛。南乾堡堡墙保存完整，历经沧桑，雄风犹存，是研究古代堡式民居管理体制的活化石。

**3.3.4.2　古建博览——建筑类型丰富**

1. 古堡类居住形态

梁村古民居大多分布在古堡内，是一种内向性、合院式的居住模式。多户由堡墙统一于一个堡中，堡内道路组织方正。同一堡中居民主要以血亲关系为纽带联系，但由于家族兴衰变迁，加上梁村人的重商观念、房屋产权变更，形成杂姓混居的形态（图3-3-40~图3-3-47）。

梁村民居建筑分为四合小院、日字形两进院落、目字形三进豪宅三种形制。院内主体多为三开间、五开间窑洞。豪宅加有木结构前檐，东西厢房多单坡顶垣房或窑洞加前檐，豪宅的南厅十分讲究，为五开间双坡顶垣房。大户人家上方建书房，下方为场院，院内细部处理上，又以精湛的技术削弱了空间的封闭压抑感。正房门廊前精美的雕花雀卷云、梁头、门、窗隔扇中细致入微的木雕，以及其他部位的砖雕、石雕都给封闭的内院注入了温煦雅致的情感。古民居充分体现了窑洞与四合院的完美结合、单坡顶和平顶的结构形式、外雄内秀的整体形态等多种特点。

图3-3-39　**古民居大门**

| 40 | 41 |
|---|---|
| 42 | 43 |
| 44 | 45 |

图3-3-40　**古民居1**
图3-3-41　**古民居2**
图3-3-42　**古民居3**
图3-3-43　**古民居4**
图3-3-44　**古民居5**
图3-3-45　**古民居6**

2. 商业性质的空间形态

梁村古街沿线分布着各种商铺，这种商铺建筑的对外开放性与古盘中的内向型居住建筑形成鲜明对比。这种对外开放型的建筑沿街道轴线布局形成了商业街，与清明上河图中的商业街有类似之处，与现代的商业街空间形态也有几分相似，是研究晋商文化和中国古代商业空间形态的重要实证。

3. 公共活动空间形态

梁村拥有一处用于大量人群聚集的公共活动空间，每年农历七月初三，梁村会在“神棚”前的广场处举行庙会。这种开放的公共活动空间在中国传统的城乡布局中很少见，对研究中国古代公共生活模式等有重要意义（图3-3-48、图3-3-49）。

4. 寺庙建筑丰富

梁村有丰富的寺庙建筑，有真武大庙（现为广胜寺）、积福寺、观音堂、老爷庙、娘娘庙、源祠、西宁堡真武庙、西宁堡关帝庙、东和堡三官庙、南乾

图3-3-46 **古民居7**

图3-3-47 **古民居8**

| 48 | 49 |
| --- | --- |
| 50 | 51 |

图3-3-48 古戏台院

图3-3-49 神棚前广场

图3-3-50 广胜寺

图3-3-51 积福寺

堡三官庙、天顺堡三官庙等十多处寺庙建筑。其中，既有道教建筑又有佛教建筑，有的甚至道佛两家处于同一屋檐下（图3-3-50、图3-3-51）。

5. 历史建筑研究价值突出

建筑结构从木构到砖木到窑洞均有。其中年代较晚、规模较大的寺庙正殿均为十字拱形结构。梁村不仅在建筑艺术上有较高价值，在中国传统建筑技术史上也有一定的研究价值。

6. 壁画内容丰富

在梁村几乎所有的宗教建筑中都有壁画。这种建筑装饰在晋中地区是很少见的。壁画题材从花鸟鱼虫到人物山水都有，不仅为古代绘画研究提供了原始材料，也对建筑年代的分析提供了参考依据和线索。同时也增加了建筑的可观赏性（图3-3-52～图3-3-54）。

7. 精美的门楼

在梁村，民居多为两进或三进院落式布局，也就形成了门多院多的特点。

在传统民居中，门往往是主人用来表情达意的一种形式。梁村自古多商贾，门也成为各家刻意修饰的集中反应。梁村门楼不仅数量多，而且形式丰富，从木制门楼到砖木门楼再到砖拱门楼，从硬山顶到悬山顶，形形色色的门楼在梁村都能找到。门楼装饰也多繁复，木雕、砖雕、彩绘、匾额，竭尽所想的装饰，形成了大大小小、各种各样的门楼（图3-3-55~图3-3-62）。

| 52 | 53 | 54 |
|---|---|---|
| 55 | 56 | 57 |

图3-3-52　**古戏台壁画1**

图3-3-53　**古戏台壁画2**

图3-3-54　**古民居壁画3**

图3-3-55　**古民居门楼1**

图3-3-56　**古民居门楼2**

图3-3-57　**古民居门楼3**

| 58 | 59 | 60 |
| --- | --- | --- |
| 61 | 62 | |

图3-3-58 古民居门楼4

图3-3-59 古民居门楼5

图3-3-60 古民居门楼6

图3-3-61 古民居门楼7

图3-3-62 古民居门楼8

8. 装饰非常别致

梁村建筑中木雕、石雕、砖雕一应俱全，雕刻技术精湛，在窗上多使用锁雕，花鸟鱼虫栩栩如生，并施彩色，给原本单调的院落增添了生气。砖雕则采用浮雕的形式，砖面光滑整洁，可以看出古时梁村的制砖技术已经很高。梁村的院落中还喜欢用砖和瓦作装饰。利用砖瓦的拼接形成各种韵律感极强的装饰图案。多应用在窑洞屋顶的女儿墙、屋脊、院子中较低矮的围墙上。既装饰了院子，形成虚实对比，又节省了材料（图3-3-63~图3-3-93）。

（1）木雕

| 63 | 64 |
| --- | --- |
| 65 | 66 |
| 67 | 68 |

图3-3-63　**木雕1**

图3-3-64　**木雕2**

图3-3-65　**木雕3**

图3-3-66　**木雕4**

图3-3-67　**木雕5**

图3-3-68　**木雕6**

（2）石雕

| 69 | 70 | 71 |
| --- | --- | --- |
| 72 | 73 | 74 |
|  | 75 | 76 |

图3-3-69 **石雕1**

图3-3-70 **石雕2**

图3-3-71 **石雕3**

图3-3-72 **石雕4**

图3-3-73 **石雕5**

图3-3-74 **石雕6**

图3-3-75 **石雕7**

图3-3-76 **石雕8**

（3）砖雕

77 | 78 | 79 | 80

图3-3-77　**砖雕1**

图3-3-78　**砖雕2**

图3-3-79　**砖雕3**

图3-3-80　**砖雕4**

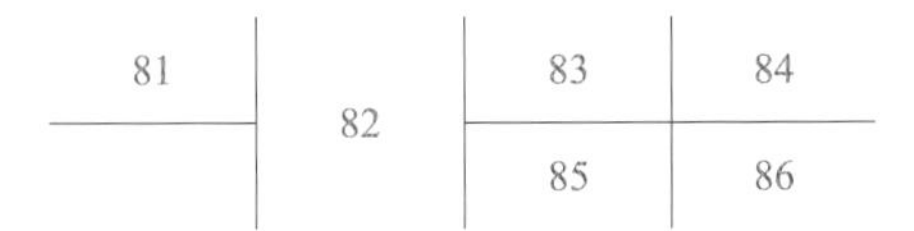


图3-3-81　**砖雕5**

图3-3-82　**砖雕6**

图3-3-83　**砖雕7**

图3-3-84　**砖雕8**

图3-3-85　**砖雕9**

图3-3-86　**砖雕10**

禄
福

（4）门窗

图3-3-87　**门窗1**
图3-3-88　**门窗2**
图3-3-89　**门窗3**
图3-3-90　**门窗4**
图3-3-91　**门窗5**

图3-3-92　**门窗6**
图3-3-93　**门窗7**

9. 窑洞形式独特

在梁村，院落正房几乎都是窑洞，年代早些的院落，其厢房也采用窑洞的形式。这在晋中地区是一种很典型的布局形式。但梁村的窑洞形式多样，既有早期东和堡中的靠崖土窑，也有一般民居中的砖砌箍窑，还有用于祠堂、神庙的十字窑，窑洞类型丰富。

**3.3.4.3　晋商咽喉——地处平沁古道的必经之地**

梁村距平遥县城南六公里，在古时与平遥古城有着密切的联系，民谣中就有“先有梁村后有平遥城”的说法。平遥城是中国古代的金融中心，而平遥的众多村庄就是平遥城的大后方，为平遥城供给大量的生活必需品和商业人才。其中，平遥城内蔚泰厚的大掌柜毛鸿翰就是梁村人。旧时重要的交通要道“平沁古道”穿村而过，成为平遥与南面联系的咽喉。由于这里往来商贾云集，就造成了古堡外还有大量建筑存在的格局，形成了里坊式的古堡建筑群与自然生长、拥有大面积公共活动场所（古戏台）的建筑群共存的村落形态。在同一个村落中，建筑类型如此乍富，聚落形态如此综合，在全国也是少有的。梁村不仅作为古时平遥城的咽喉和供给站，在今天，亦是对世界文化遗产平遥古城的延伸和诠释。在平遥古城充满商业气息的今天，梁村仍然保存着当年的风韵，在建筑、聚落上对平遥古城是重要的补充，在文化风俗方面对平遥古风是重要的线索。可以说，要看山西建筑，到平遥古城就可以了，而要体会平遥城的精神和气质还应该去梁村。

**3.3.4.4　人性尺度——适宜的街巷空间**

梁村自古平沁古道穿村而过，沿街的店铺林立，来往商客无数，形成了梁村政治、文化、经济、宗教等活动的中心。古源街位于村北，全长1060米，中心区原有“烧饼铺”、“杂货铺”、“棺木铺”等多处店铺（现部分已改建）。古源西街是梁村最为繁华的街区。除了商业街，梁村古堡中的街巷空间尺度适宜，是典型的步行空间尺度。堡中主街上每两个路口之间的距离在40～60米之间，从主街的路口出发到巷尾，每条巷的长度在90米左右，都是很舒适的步行距离。街道的宽度在4～5米之间，房屋高度在8～9米左右，形成很强的围合感。在街巷长向上，视线阻隔很小，因此在街道中行走很有安全感。在梁村从热闹的商业街到宁静的巷道，一应俱全，保存完整，景观连续，具有很高的观赏价值（图3-3-94~图3-3-98）。

#### 3.3.4.5 古树庇佑——两株千年古槐

梁村有很多参天古树，村民按照前槐后柳的习俗种植树木。保留到现在的古树大多为槐树，其中两株唐槐均需四人合抱才能绕树径一周。梁村人都相信古树有神灵保佑，因此在树下设主神龛，逢年过节都会到树下祭拜。这些古树见证了古村的历史兴衰，是千年古梁村最好的证明（图3-3-99~图3-3-100）。

#### 3.3.4.6 富可敌国——晋商文化的发源地之一

美丽的自然风光，桃花源式的宁静环境，孕育了梁村人淡泊宁静的心理。近代以来，随着平遥票号的崛起，梁村人更涌入了经济建设的潮流，走四川，上天津，驻上海，去广州，一个个随着票号，随着商铺，奔走四面八方。经济的发展，眼界的开阔，观念的超前，使梁村人的人生观和发展观，与北方传统的“重仕途”的观念发生了根本的冲突，从而形成了梁村人重商不重官的发展观，他们甚至对年薪四十五两白银的七品县令官职连正眼都不看一眼。因此，梁村成为平遥古城的大后方，走出了诸多掌柜、经理。正是由于梁村走出了众多掌柜、经理，才有了梁村的众多古堡和深院。也正是由于梁村走出了众多掌柜、经理，才有了梁村古街沿线林立的商铺，才有了梁村辉煌密集的古寺庙群。

#### 3.3.4.7 传统中国——典型的中国实用主义哲学的集中反映地

在梁村，每一个堡中部有三官庙，三官庙祭祀三官大帝，即天官、地官、水官，是道教供奉的三位天神，其中天官赐福、地官赦罪、水官解厄。每几代就会对其重修一次。同时，梁村还有观音堂等佛教建筑，可见梁村人实用主义信仰的传统由来已久。西宁堡真武庙下阁供奉佛教观音，上阁则供奉道教真武大帝。而在梁村的神棚一般不供奉神位，要求哪一位神就供奉哪一位神的神位，是典型的中国实用主义哲学的集中反映地。

#### 3.3.4.8 湖泽气韵——湿地型生态系统

梁村紧靠平遥县唯一的水库尹回，水库使梁村在晋中缺水的地区形成了湿地生态系统，让大量鸟类聚集，也是候鸟迁徙的休息站。因此，在梁村不仅能体会到黄土高原的雄浑气派，也能看到江南湖泽的秀美空灵。这是梁村超越历史文化范围的另一层价值所在，而这种生态、景观价值正是21世纪文化发展的趋势和潮流。从宏观和历史发展趋势的层面上讨论，这也将成为梁村未来历史文化价值的一部分。

| 94 | 95 |
| --- | --- |
| 96 | 97 |
| 98 | |

图3-3-94　南乾堡传统街巷1

图3-3-95　南乾堡传统街巷2

图3-3-96　南乾堡传统街巷3

图3-3-97　天顺堡传统街巷4

图3-3-98　昌泰堡传统街巷5

## 3.3.5 街巷空间

### 3.3.5.1 古西街

古西街东连古源街，西至村西北隅，街长约200米，是村中现存古街中最具有历史文化价值的古街（图3-3-101）。古西街北段建有村中最大的佛教古寺积福寺、娘娘庙，南段建有观音堂和古戏台，而且街面全为青石铺成。古戏台背后，南乾堡西北隅之堡墙高耸。古戏台处又是旧时梁村的庙会中心，每逢农历七月初三庙会之期，古西街可谓游人云集，一派繁荣。古西街与古源街，构成了旧时梁村的宗教文化和庙会文化中心。

99 | 100 / 101

图3-3-99 南乾堡前古树

图3-3-100 古戏台院古树

图3-3-101 古西街

102 | 103

图3-3-102 古源街

图3-3-103 平沁古道

### 3.3.5.2 古源街（平沁古道梁村段）

古源街因昔日神池之水顺街而流得名，它南接昌泰堡天顺堡古街，北连古源西街，而古源西街又与南乾堡古街成“丁”字形相交，成为连接四条主街的纽带（图3-3-102）。

古源街是平沁古道的梁村段。平沁古道是旧时平遥至沁源之大路（图3-3-103）。该路从平遥出发，经岳壁、尹回沿沟来至梁村村北真武庙西侧，然后由真武庙处汇入古源街并沿街南下，之后向东经昌泰堡和天顺堡之间而过。

古源街风光壮丽，平沁古道又汇入古源街，将南来北往之商客送往梁村，送往古源街，从而使古源街商铺众多，香火旺盛，成为远近闻名的商品集散地和宗教文化区；使“好闺女，嫁梁村，藕根大米送人情”的乡间风情更为浓厚，同时也促进了梁村的经济发展。

## 3.3.6 重要建筑

### 3.3.6.1 居住建筑

1. 冀氏故居

南乾堡西二巷十三号、十五号院，是冀氏故居，两所院落相连，全是两进院落，占地面积1350平方米（图3-3-104、图3-3-105）。

十三号院建筑年代早于十五号院落，占地面积750平方米，砖雕中门将该院一分为二，里院正房为三开间窑洞，东西厢房为硬山单坡顶瓦房，外院东西也为三开间硬山单坡顶瓦房，倒座为三开间硬山双坡顶瓦房，整所院落坐北朝南，正房高于厢房，外院厢房又低于里院厢房，倒座屋脊低于正房高于厢房，建于“巽”位的宅门与倒座相连，门楼顶部与倒座屋脊相齐，也是双坡顶，门枕外侧一对石狮，小巧精美，正中走马板上刻有“谦和”二字，中门上刻有

104 | 105

图3-3-104 **西二巷十三号**

图3-3-105 **西二巷十五号**

"树德务口"四字，这些匾额反映了冀氏先祖治家之道。

十五号院，占地面积630平方米，是冀氏发家后所建的新院，应是清末建筑，整体布局上虽保留了传统的格局，但在细部装饰上带有西方建筑特色。宅门建筑全为砖雕，中门建筑为月亮门，样式带有西方特色，厢房窗户样式也为欧式建筑风格，中门匾额为"启秀"，倒座房门匾额为"界景福"。

2. 冀桂故居

冀桂系光绪年间著名商人，曾任"协同庆"票号驻广州分号掌柜，后经营沿海船运业务。其祖父冀如庆官居清初布政司理问，"辞官返乡孝母"之事广为流传，至今不忘。冀桂在天顺堡建有大院两座，占地面积2132平方米，建筑面积1213平方米，为三进院落，门楼高大，气势雄伟。院南为南厅，高大深阔，为堡内南厅之最，系旧时宴会宾客之所，二门楼及院内窗棂建筑精湛，砖雕木刻保存完好，别具一格，如"麒麟送子"，祈盼多子多福；"喜鹊登梅"犹如步步高升；"凤凰戏牡丹"似喜事连连；"桃榴佛手"象征子孙平安；"鹿鹤通顺"

| 106 | 107 |
| --- | --- |
| 108 | 109 |

图3-3-106　冀桂故居门楼

图3-3-107　冀桂故居内院

图3-3-108　冀桂故居前院

图3-3-109　冀桂故居正院

喻厅事如意；还有耐人寻味的门匾“祝三多”、“乐天伦”及“寿”、“万”等雕刻字样，皆喻祥瑞之意。二门楼前两块下马石尚在。主院北正房五开间、东西三开间砖窑架在前檐至今完好，堪为典型晋商大院（图3-3-106~图3-3-109）。

3. 毛鸿翰故居

毛鸿翰任“蔚太厚”五联号大掌柜，为商界头面人物。其故居四院相连独占一巷，前两院主人居住，后两院依次分别为场院、花园。占地6666平方米，建筑面积2560平方米（图3-3-110~图3-3-112）。

110 | 111
112

图3-3-110　**毛鸿翰故居大门**

图3-3-111　**毛鸿翰故居二门**

图3-3-112　**毛鸿翰故居前院**

主院两座为“目”字形三进院落，里院正房为五开间，东西为三开间砖窑，外加前檐雕栏画栋，镂花木窗工艺精湛，院内架铁丝网防盗，是主人居住区，中院东西各三开间，单坡瓦房空旷明亮为佣人居住区，外院主建南厅为五开间双坡瓦房，为宴请宾客之用房。临街大门堂皇威严，门内有影壁，二门高大开阔，三门精巧灵秀，整座院落肃穆豪华，极显当年之富。

4. 毛鸿举旧居

位于天顺堡东二巷七号院、九号院，占地面积2750平方米。七号主院为三进院落。里院正房为五开间，东西厢房三开间，砖窑架前檐结构，中院东西厢房分别为单坡顶三开间瓦房结构；外院东西各建一间单坡顶瓦房，倒座与大门为一体，为五开间双坡顶南厅结构。里院正房为长辈所居，东西厢房为晚辈居住，中院东厢房门匾“琴节趣”，西厢房门匾“桂兰芳”，为主人平时琴棋书画、女工刺绣场所。外院倒座商厅为宴请接待宾朋之用。整座院中建有两座垂花门楼，将狭长大院分为三处，显得整座院落井然有序，玲珑秀美，高低错落，窑洞与瓦房相间，高大的外罔轮廓使修长而封闭的整体院落更显和谐舒畅，削弱了封闭内聚的感觉，而院内精美的雕花雀替、卷云、梁头、门窗、隔扇中细致入微的木雕，以及其他砖雕石刻装饰，给封闭的内院注入了温馨细腻的情感格调。九号院分为三个小院。第一个小院为书院，有角门与宅院相通，为族人子女读书私塾；第二小院西建有五间瓦房，南为三间开口瓦房，为长工、军夫所居，设置马棚、料房、碾靡之处；第三小院有北正房三间，东厨房两间，西南角门与主院内院相通，供侍女、丫鬟、奶娘居住（图3-3-113~图3-3-115）。

5. 邓旺庆故居

邓旺庆老宅两所，一座位于南乾堡东一巷二号院，为两进院落，占地666平方米，取大顺之意，中门楼全为砖雕图案极为精美，为砖雕门楼典范，保存完好。天顺堡东二巷五号院为兴盛期所建，三进院落，占地面积1200多平方米，正房五开间，东西厢房三开间砖窑及中门门楼尚存。中院东西单坡顶三开间瓦房，外院双坡顶南厅影壁均被改建。

6. 毛鸿祥旧居

位于天顺堡东三巷一号院、二号院，占地面积2840平方米，大门高大阔深，高台阶，高门栏。挑檐斗栱做工精细，两旁有石狮，更显威严。一号为主院，二号为场院。一号宅院为两进院落格局，外院倒座为五开间，架前檐砖窑建构，外院除两间耳房外，均无其他建筑。院墙高大，上用瓦垒，有1.5米高花栏，俗称“响墙”。外院种花植草，实为主人旧时花园布局。二门为垂花门

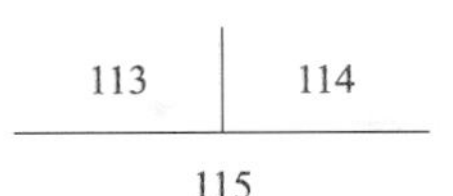


图3-3-113 毛鸿举故居七号院垂花门
图3-3-114 毛鸿举故居七号院三门
图3-3-115 毛鸿举故居九号院

建筑。里院北正房为五开间，东西厢房为三开间，架前檐结构，外院由角门与场院相通。正房两侧左右厢房对称，轴线明确，主次有序，而外院建有小型花园，更显整个院落开阔秀美，体现人与自然的和谐统一。清朝末期，由于主人吸食鸦片而家道主运落，此院卖与冀姓（图3-3-116~图3-3-118）。

7. 冀鼎选故居

冀鼎选故居位于古源西街，西一巷29号，分正偏两院，占地面积1384平方米。正院为两进院落，临街大门，砖砌拱券门洞，宽阔高大，中门门楼砖雕木刻，图案清晰可见，里院正房厢房五开间，三开间窑洞、外院、西厢房、南窑仍存。东西偏院建筑枕头窑，为冀氏书院，族人子弟多在此读书。书院建于主院上方，显示其对文化的重视。

8. 邓氏旧居

坐落于昌泰堡东二巷3号院，占地面积1240平方米，为两进院落，大门与三间单坡式瓦房倒座相连，外院东西各布单坡式瓦房两间，二门为垂花门，门匾士书"桂花兰馨"，砖雕精细优美。里院北正房五开间，架前檐砖窑，中堂门匾上书"树德门弟"，东西厢房各为三开间，属典型的晋商故居，其空间结构从入口到正房，院落宽度变得越来越窄，两侧厢房高度则逐渐增加，院落空间愈加显得内聚和封闭，而四面围合的单坡屋顶及其房梁挑檐，使这种趋势更得以加强。故中院的垂花门及窗棂、卷云、雀替、隔扇和其他部位的砖雕、石刻装饰等则相对削弱了空间的封闭压抑感，而四周由屋脊、山墙及墙垣拱卫，使空间布局协调起来，削弱了封闭内聚之感。

9. 白氏旧居

位于天顺堡东一巷一号院，为两进院落，占地面积1420平方米（图3-3-119~图3-3-123）。据白氏后人讲，此院为白氏先祖白金玉（介休张兰"泉盛永"商号大掌柜）发迹后，花两千两银子从毛家买下地皮所建。外院建筑独特，大门对面东西各建有单坡顶瓦房各一间，与五间倒座（单坡式瓦房）相对。外院东西厢房各为四开间，装修为窑面，实为单坡式瓦房，靠二门东西为耳房建筑结构，体现了旧时三进院落布局，西建有马棚、厕所、厢房，为下人所居，东厢房为书房，山墙开角门直通里院，为主人家读书之用。二门为垂花门，门上的木雕、砖雕精细传神，小巧的斗栱，较大的出檐，朴素雅致，两侧影壁再有砖雕精细的门神、土地堂，更显威严大方。踏上台阶，跨入门栏，迎面为屏门，此门一般不开，若有红白喜事，重要客人来"开中门，迎住宾"。里院北为正房五开间，东西厢房为三开间，均为砖窑架前檐建筑，檐深2米，砖雕木刻精美，窗棂秀气，正窑坎窗有"天官赐福"精雕木刻和"千祥云集"门匾，为家

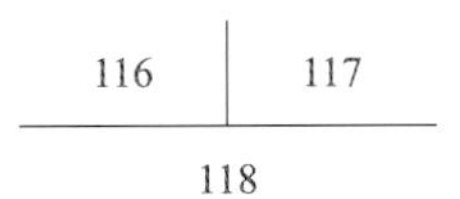


图3-3-116　毛鸿祥故居大门

图3-3-117　毛鸿祥故居倒座入口

图3-3-118　毛鸿祥故居二门

长居住。东西厢房分别有“乐天伦”、“祝三多”匾额，为成年晚辈或子女居住。东厢房靠南为窑坡，穿心窑顶，顶上方砖墁砌。全院窑顶排水均由明堂、耳房顶部暗道排放院中。西厢房靠南建有厕所，供主人使用。全院建筑结构十分讲究，体现了封建等级观念和“取吉避凶”等堪舆学观念，展示了主人的豪富、大气、尊贵，为典型的晋商宅院。

10. 梁氏旧宅

坐落于古源街东昌泰堡一巷九号院，占地面积1540平方米，建筑面积为482平方米，坐北向南，分为三个院落，第一院为下人院落，原为土窑四窟，东西两间，面积470平方米，第三院为打场，原建正房五间，街门高大阔深，两旁建有马棚、料房，门处有古碾一座、古井一口。第二院为二进院落，占地510平方米，建筑面

119 / 123 | 120 | 121 | 122

图3-3-119　白氏旧居正院

图3-3-120　白氏旧居二门

图3-3-121　白氏旧居壁龛

图3-3-122　乐天伦匾额

图3-3-123　祝三多匾额

积255平方米，大门楼为挑檐式木结构建筑，外院东西各有砖窑一孔，南为南房四间，中门楼为木结构建筑，双坡顶，有两道门槛。里院为正窑五间，东两厢房各三间，为典型的四合院民居，从大门、二门到中堂，各为三级台阶，喻“步步登高”之意（图3-3-124~图3-3-126）。

11. 史氏旧宅

南乾堡东一巷八号、十号两所院落，坐南朝北，相连一体，占地面积1500平方米（图3-3-127~图3-3-130）。

两所院落格局基本相似，但略有不同。相似之处在于都是两进院落，正房皆是窑洞加前檐，里外东西厢房全是单坡顶瓦房，两所院落都为砖雕中门楼。不同之处是八号院占地面积700平方米，正房为三开间窑洞，宅门与倒座相连，三层台阶，门槛高，门枕石外侧有石狮，整座院落显得狭长而幽深。六号院占地面积800平方米，正房为五开间窑洞，天井宽阔明亮，宅门与倒座相连，为拱券大门，跨度4米，拱高3.5米，斜坡过道可进马车。整座院落显得雄阔而高大。

据传史民古时在古源街独占一巷，以史姓为巷名，称“史家巷”，后有富者，在南乾堡东一巷修宅三座，并筑史氏家祠一座，全部建筑占了半条巷，足显史氏当年之富。

124 | 125
126

图3-3-124　**梁氏旧宅门楼**

图3-3-125　**梁氏旧宅建筑**

图3-3-126　**梁氏旧宅内院**

127
128

图3-3-127　**史氏旧宅门楼**

图3-3-128　**史氏旧宅一进院**

| 129 | 130 |
|---|---|
| 131 | 132 |

图3-3-129 史氏旧宅建筑

图3-3-130 史氏旧宅内院

图3-3-131 积福寺外景

图3-3-132 积福寺内景

### 3.3.6.2 寺庙建筑

1. 积福寺

积福寺位于村古西街北端，占地约0.47公顷，为梁村历史上最大的一座佛教活动场所（图3-3-131、图3-3-132）。

积福寺坐北朝南，门向西街。寺内现仅存正殿五间及钟楼和古钟。大殿还存有清乾隆五十三年和清嘉庆五年所立的两通古碑。碑文可知，“积福寺始建于大唐贞观二年”即公元628年，当时建正殿五间及东西庭、东南角殿、西南角殿、山门，并植柏树2株。其中正殿塑如来佛、释迦牟尼佛、弥勒佛像，东、西庭各为菩萨殿和地藏殿，内分别塑十八罗汉拜观音和十殿阎罗君、六位曹功像。东南角殿和西南角殿分别塑关公像和伽蓝像。寺门三道，正门为守殿门，内两侧门，供善男信女进山。古刹建成后，留一记迤逦僧居住，常年维修。

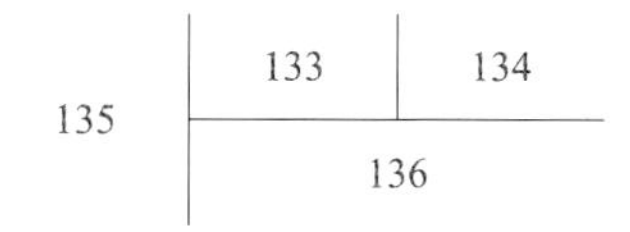


图3-3-133　**积福寺门匾**

图3-3-134　**积福寺钟楼**

图3-3-135　**积福寺寺门**

图3-3-136　**积福寺一角**

历史进入“太朝至元八年”即元朝元年（公元1271年），积福寺历经643年的风雨摧残，正殿倒塌，梁村一位在朝次官记刘氏组织重修正殿三间。

历经25年后的（元朝）元贞二年即公元1296年，寺中修建渊公宝塔时，忽然发现三年间正殿中梁赍拆，急当替换，于是邑人冀文仲等人组织，砍寺中古柏一株，替换中梁，扩建正殿为五间，并在殿中塑如来佛像，并用金粉装饰（图3-3-133～图3-3-136）。

241年匆匆而过，时代进入大明嘉靖十六年（1537年），积福寺僧人袭万与本寺住持熙常，会同村人将寺中一株古柏砍卖白银一百余两重修正殿，然后又向邑人冀国虎、冀门张氏、翼门乔氏、史门邓氏募化柏树各一株栽于寺中，住持熙常也栽桧树一株，柏树四株。

大清乾隆十九年即公元1754年，又历经217年风雨的积福寺正殿琉璃倾、檐椽折，本寺主持宽化及徒弟兴隆、兴墨，与纠首倾囊重修正殿、东西庭和山门，之后宽化师徒相继而逝。

清乾隆五十二年（1787年），宽化之徒兴昱的尸骨欲被移走，村中善男信女趁机四方化缘，将东南、西南角殿拆毁后重建，然后在下窑中塑关帝、伽蓝像，在上楼中悬挂钟鼓，至此积福寺钟鼓二楼形成，积福寺五间正殿为大雄福殿，内塑如来佛、释伽牟尼佛、弥勒佛：东、西庭是为菩萨殿和地藏殿，内塑十八罗汉拜观音和十殿阎王、六位曹功像，东南、西南转角偏殿下塑关公、伽蓝，上为钟鼓二楼；正南山门过搬内塑四大天王金刚护法，两侧边门供善男信女进出的布局全部形成。积福寺成了远近闻名的佛教圣地。每逢初一、十五谐佛节日，每逢农历七月初三庙会之日，积福可谓香火旺盛，游人不断，就是平常之日，善男信女也多往寺中烧香。特别是由平沁古道而来的商客，更要前往寺中敬午礼佛，祈求顺利平安。

现存唐初所建正殿窑洞五间，元代所建砖木结构正殿五间，长20米，宽20米，高12米，宏伟高大，琉璃五彩、斗栱精美。钟楼一座，结构精巧美观，古钟高1.5米，直径1.2米，厚10厘米，钟面铸有龙凤、鱼山花木等图案花纹，以及捐铸者姓名，古钟硕大音宏，击之音传千里，极为罕见。

2. 真武大庙

真武庙（现为广胜寺）建于村北即古源街之北端，为梁村五座古寺庙之一，也是梁村人祈求镇邪除恶之所。真武庙背北面南，占地面积近一亩。庙内建筑正殿二层，下层五间为十字窑，内无塑像：上层居中三间大殿砖木瓦结构，内塑真武大帝。东、西配殿，内院各三间，外院各三间，内均无塑像。南之正中为庙门，面对古源街而开。院内古柏四株。真武庙建庙尚碑文未存，建筑年代难以考证，但据墙砖、雕艺等推测，真武庙当为清代建筑。其武庙为村北之制高点，立庙之二层四望，北之明镜般尹湖，蜿蜒平沁古道，起伏土峰，纵横沟垫，东之东和堡、西之西宁堡，南之古源街、西街、南乾堡、昌泰堡、天顺堡，无不尽收眼底。真武庙前是一片广场，农历七月初三庙会之日，广场上人山人海，四乡八村村民集会于此，享受着这物资交流形式带来的特有快乐（图3-3-137～图3-3-148）。

3. 观音堂

观音堂为梁村五座古寺之一，位于古西街西端，西与古戏台为邻，东距积福寺50米，建筑为独一间木瓦结构，内原塑救苦救难的观世音菩萨像和铁铸十八罗汉像。由于观音堂位于庙会中心区，又与古戏台相连，每到农历七月初三庙会之口，庙中游人络绎不绝，香火旺盛。然而，由于没有文字资料传世，又无碑文留存，寺之准确建筑年代难详。但从其建筑所用之传及术构艺术推

137
138

图3-3-137 **真武大庙山门**
图3-3-138 **真武大庙俯瞰**

廣勝寺

王爷殿
护法安僧梵刹永康宁
廣勝寺

| 139 | 140 |
|---|---|
| 141 | 142 |

| 143 | 144 |
|---|---|
| 145 | 146 |

图3-3-139　**真武大庙五爷殿**

图3-3-140　**真武大庙檐廊**

图3-3-141　**真武大庙檐口**

图3-3-142　**真武大庙过道**

图3-3-143　**真武大庙二层外廊**

图3-3-144　**真武大庙木作**

图3-3-145　**真武大庙顶棚**

图3-3-146　**真武大庙柱基**

测，观音堂约建筑或重修于明末清初。观音堂内铁铸十八罗以于1985年大炼钢之时被熔为铁水，现庙内改塑西方三圣像（图3-3-149、图3-3-150）。

4. 老爷庙

老爷庙位于古源街北段街东，占地面积一亩，为梁村五座古寺之一。老爷庙背东面西，以东为正，南北为侧，庙门居西，迎街而开。庙内建筑，正殿五间，为砖砌十字窑洞，内塑武圣关公关老爷像。南、北配殿各三间，内均塑像。庙门两侧，均砌有十字窑。关公虽为武圣，同时又为财神，是民间最崇拜的神之一，香火十分旺盛（图3-3-151、图3-3-152）。

5. 神棚

位于古源西街区中心、积福寺南50米处。建筑面积256平方米，清末增修的三孔相通枕头窑、外架前檐、神棚前为广场，对面建戏台（图3-3-153）。为全村祭祀、乞神、庙会等集体活动场所。神棚内正中设一神笼，无固定神像，需请什么神时，人们就在神笼内摆放什么神像。或写一牌位供奉，在棚外广场上或对面戏台上唱大戏，演小戏，如木偶、皮影及地方鼓书、盲人古书等。可谓永久神堂、流动神位，常有浓厚的祈求风调雨顺、改变自然的传统文化特色。

147 | 148

图3-3-147 **真武大庙内院**

图3-3-148 **真武大庙客堂**

149 | 150

图3-3-149 **观音堂正门**

图3-3-150 **观音堂**

151 | 152
153

图3-3-151　**老爷庙外景**

图3-3-152　**老爷庙外廊**

图3-3-153　**神棚**

中國歷史文化名村梁村
碑刻文化记忆展室

| 154 | 155 | 156 | 157 |
|---|---|---|---|
| 158 | 159 | 160 | 161 |
| 162 | 163 | | |

图3-3-154 **古戏台院1**

图3-3-155 **古戏台院俯瞰**

图3-3-156 **古戏台院台口**

图3-3-157 **古戏台院牌匾**

图3-3-158 **古戏台院东侧展室**

图3-3-159 **古戏台院西侧展室门窗**

图3-3-160 **古戏台院西侧展室**

图3-3-161 **古戏台院石碾**

图3-3-162 **古戏台院壁画1**

图3-3-163 **古戏台院壁画2**

6. 古戏台

位与古源西街区中心，与神棚相对，始建于元代。民国初年由本村平遥四大乡圣之一冀敏功会村众扩建重修。戏院占地面积2730平方米，建筑面积120平方米。戏台建筑面积845平方米。为砖木结构，前后分隔，设备齐全。后台有化妆室、换装室、卫生室一应俱全。木格顶棚彩绘各种戏曲人物，栩栩如生。台边由厚30厘米、宽40厘米、长90厘米的大青石条铺边。前台两棵青石大柱高5米、厚0.55米，上刻吟联，也为罕见之物。东西各有窑洞，中间门匾，上刻“莫来由”、“怎结果”两幅匾联耐人寻味，北面有阶梯形看台，整个戏院可容近万人观看。为乡村戏院建筑，极为少见（图3-3-154～图3-3-167）。

方针，是促进艺术发展和科学
进步的方针，是促进我国的社
会主义文化繁荣的方针。

| 164 | 165 |
|---|---|
| 166 | 167 |

图3-3-164　**古戏台后台侧室**

图3-3-165　**古戏台后台**

图3-3-166　**古戏台檐口**

图3-3-167　**古戏台院壁画**

7. 三官庙

三官庙祭祀三官大帝，即天官、地官、水官。梁村原来每一个堡中都有三官庙，每几代就会对其重修一次。三官庙的位置或在堡门之上，或是紧靠堡墙，足以见得三官庙在梁村是作为保卫安全的心里寄托（图3-3-168、图3-3-169）。

### 3.3.6.3　祠堂建筑

**冀氏宗祠**

冀氏宗祠位于南乾堡东四巷一号院，建于清雍正十三年，占地670余平方米，为四合院。正房为三开间枕头窑，东西为三开间单坡顶垣房，大门门匾刻有“冀氏宗祠”。据说，正殿供奉冀氏祖先冀友贤及以下三支历代先祖家图三幅。东西厢房陈列祭祀用品、婚丧仪仗用具，一应俱全（图3-3-170、图3-3-171）。

冀氏家族为梁村众姓望族，家谱记载已历28世。据2000年人口普查统计，冀姓人口达到3000余口，占梁村人口总数的60%以上。

冀氏宗祠祖坟占地2.67余公顷，位于东和堡100米处旱源上（名曰冀家玺）。现存古墓塔两座，古墓碑一通，为冀氏八代传人冀良仕母子所立，碑文记载了冀子虎崇尚节俭，以恭、良、勤、俭为子女起名，性正直，好当面拆人过的为人品格，有“水利翁”、“老人翁”之称，碑高80厘米，宽约50厘米，尚立于古墓前。

图3-3-168　三官庙

#### 3.3.6.4　商业建筑

由于梁村人重商文化的影响和平沁古道穿村而过的地理位置，梁村的古街上商铺林立，外向的商业建筑在古街两旁都能见到。这种商业建筑有供人停留的外廊和对街开放的门和低窗，很明显是适应商业活动而成的模式。

#### 3.3.6.5　古塔

渊公宝塔

渊公宝塔位于村北积福寺后百米处，建于元代元贞二年（1259年），高12.48米，直径2.2米，五层结构，青砖雕砌而成，为元贞二年原物，七百多年来风雨侵蚀，仍笔直耸立。它与积福寺、古戏台同在一条中轴线上。朝阳斜射，塔影倒射湖水中，传喻塔为笔、水似墨、寺为砚、村喻谱，写锦绣文章，记载历史沧桑、令人寻味。

图3-3-169　**堡门上的三官庙**

图3-3-170　**冀氏宗祠门楼**

图3-3-171　**冀氏宗祠门匾**

现已由广胜寺主持释觉善师傅募捐维修一新，下装五台山九华山之土，上装舍利各有关经文七宝，更加显得尊贵庄严（图3-3-172、图3-3-173）。

172
173

图3-3-172　**渊公宝塔远眺**

图3-3-173　**渊公宝塔庙**

### 3.3.7 民俗

庙会

1. 农历三月初二古庙会

农历三月初二是梁村一年中的第一次传统古庙会，会址在梁村村南一公里处的源祠，因供奉源池古泉之神——源神而起，故也称源祠会。历史上的源祠会由梁村、西源祠、东源祠三村轮流组织，庙会内容主要有敬供源神、举办神火、请班唱戏、交易骡马等四项（图3-3-174～图3-3-177）。

源祠庙会十分红火，庙会之日，源祠牌楼高搭，彩棚座座，源祠的屋脊院墙上插满彩旗。四乡八村的人们云集祠里祠外和剧场，感受会首们向源神敬供整猪整羊的虔诚，观看社火演员的精湛表演，欣赏晋剧名家的唱念做打。虔诚的敬神仪式，精湛的神火表演，醉人的晋剧艺术，吸引着四乡民众，陶醉着八方游人。特别是晋剧演唱，梁村的一些富人们，为了显示自己的实力，争相挑点名角出场，一次晋剧泰斗丁果仙应邀来词源献艺，竟因被争相点戏、连连出场而唱的嗓子干咽疼，发誓不再来梁村唱戏。

三月初二正值春耕季节，梁村地属丘陵，旧时耕作又多用骡马，庙会会址又远离村街，故三月初二源祠庙会也自然形成以交易骡马为主的农贸交流会，并延续至今。

2. 七月初三古庙会

农历七月初三是梁村一年之中的第二次传统古庙会。历史上的七月初三古庙会，会址设在梁村西街的古戏台处，后扩展至古源街。西街和古戏台处是梁村宗教文化区，村积福寺、娘娘庙、观音堂、老爷庙等均分布于此，故七月初三庙会是典型的传统古庙会。七月初三庙会以百货交流为主，庙会之日，梁村妇女，邻村乡民，云集街头，扯布买钗，购鞋选袜，热闹非凡。为使庙会红火，庙会之日，村人还请戏班前来登台演唱助兴。

七月初三乃佛节刚过，会址周围又寺庙众多，故善男信女多在庙会之日前往上香，致使寺庙游客穿流，香火不断，更有还愿者，为感菩萨应愿之恩，在戏场高搭神棚，请菩萨坐入神棚看戏，为庙会增添了无限风采。

| 174 | 175 |
|---|---|
| 176 | 177 |

图3-3-174　传统庙会1

图3-3-175　传统庙会2

图3-3-176　传统庙会3

图3-3-177　传统庙会4

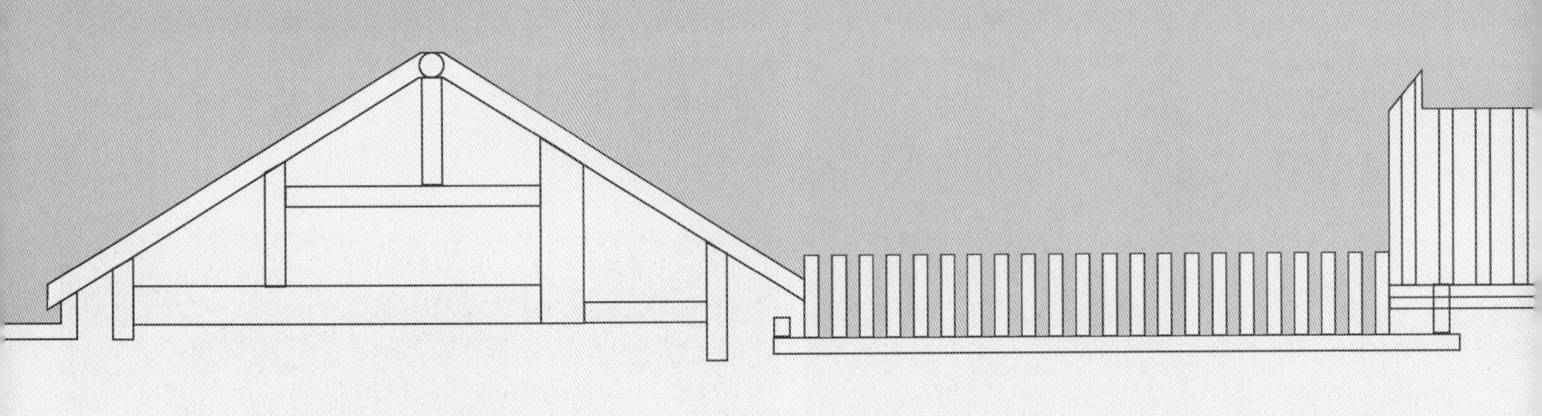

04

# 第4章

# 梁村传统村落规划改造和民居功能综合提升实施方案

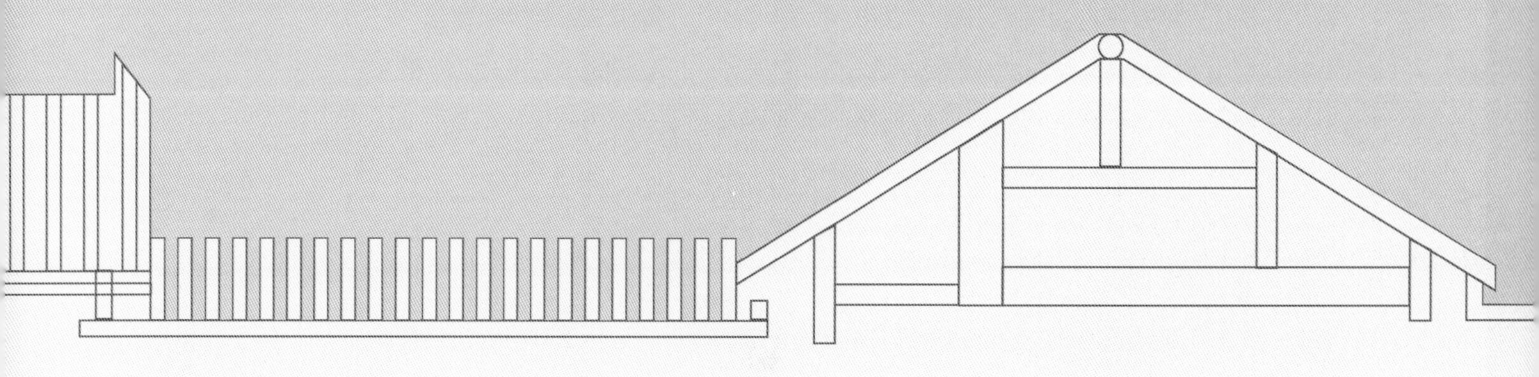

# 4.1 传统民居结构与功能综合提升实施方案

## 4.1.1 传统民居保护修复

对于保护区规划范围内建筑的保护与更新模式的选择决定主要从三方面因素考虑，一是规划用地调整对建筑的要求，二是景观环境对建筑的要求，三是建筑自身的风貌等级和质量状况。据此从整体保护历史文化风貌形态出发将保护区规划范围内的建筑分为以下几种保护模式：

文物：已划定为国家、省、市级文物保护单位和文物保护点的建筑，应根据文物保护单位的保护要求进行保护。

保护：指对历史地段内传统院落和建筑实施严格保护，维护周边历史环境的完整性。其主要针对那些未被列入文物保护名单，却具有较高历史文化价值与建筑价值的传统建筑。保护其建筑原有格局、内外原有风貌基础上修旧如旧。如果建筑不得不进行更新，新建筑也必须严格在老建筑原有墙基线上按照原貌复建。

修缮：指历史地段内有一定保存价值、格局完整、传统风貌较好，但建筑质量稍差难以适应现代生活需求的传统建筑。在保证其外部建筑格局、外观、风格、尺度不变的情况下，允许对其内部进行修缮更新，改善居住条件，提高居民生活水平，对其外观仍以修旧如旧为主。

修整：指历史地段内有一定保存价值、格局较完整、传统风貌较好，但建筑损毁严重的传统建筑。在保证其整体风貌、格局、风格、尺度不变的情况下，可对其内外整体性进行修缮更新，修整后的风貌要与古村整体建筑风貌形态协调统一。

整饬：指现状建筑质量尚好，但风貌与历史地段整体环境不协调，因历史原因，难以立即拆除的非传统建筑。对建筑外观进行整治，使之与整体风貌较为一致，减少对历史环境的破坏程度，其外部形式、色彩、细部可采用整理装饰手法，使之与传统风貌相融合。

拆除：指历史地段内对村落传统风貌影响较大、建筑质量较差、无继续使用价值的危房建筑。此类建筑规划将予以拆除，若要更新，更新项目必须精心设计，使之与传统建筑风貌保持协调统一。

保留：指现状建筑质量较好、建筑风貌与历史地段整体环境相协调、对历史环境完整性破坏不大的非传统建筑，此类建筑可以保留。如果其形态、尺度、色彩均不符合古村传统历史风貌的要求，近期可以暂时保留，远期则予以拆除或改造（图4-1-1~图4-1-10）。

| 1 | 2 |
| --- | --- |
| 3 | 4 |

图4-1-1　**昌泰堡北侧现代民居1**
图4-1-2　**梁村现代民居2**
图4-1-3　**古源街北段3**
图4-1-4　**古源街东侧现代居民4**

### 4.1.2 传统民居功能设计

传统民居保护改造和功能提升设计具有以下特点：庭院的空间功能、灵活多样的空间布局、就地取材的房屋建筑、乡土文化精神的体现。对不同的民居进行分类进行功能提升设计：

1. 传统历史民居建筑

历史留存的传统建筑，保存良好的、保存基本功能但已部分年久失修、保存房屋基本格局但已损毁严重。

受传统建造技术与工艺所限，传统民居在功能上较为简单，随着时代的发展和建筑技术的提高，越来越不能满足原住民的生活与生产需要。在保证传统村落完整性及文脉传承的前提下，有效率、小成本地实现传统民居的保护改造和功能综合提升，保证村民的安全，保证正常的生活、生产秩序，改善生活品质，提高传统建筑与现代生活方式的契合度至为重要。

2. 符合传统风貌的民居建筑

采用传统建筑材料及建造工艺的新建建筑。

具有传统建筑格局与风貌，采用传统建造技术与工艺建造的新建建筑，在功能上更符合现代生活功能需求，此类民居在保证传统村落整体性、协调性原则下，实现了民居的改造和功能综合提升，改善了村民的生活品质，提高生活质量。

3. 新建民居建筑

采用现代建筑材料及工艺的新建、扩建建筑。

此类新建、扩建民居建筑有与传统风貌严重不符的，需要改建成符合控制要求的风貌，或予以拆除，保证传统村落整体性、协调性原则。

| 5 | 6 |
|---|---|
| 7 | 8 |
| 9 | 10 |

图4-1-5 古源街南段

图4-1-6 平沁古道西延路段

图4-1-7 古源街东侧昌泰堡堡墙7

图4-1-8 古源街商店

图4-1-9 古源街民居9

图4-1-10 古源街民居10

## 4.2 传统村落街巷空间与景观风貌规划与实施方案

### 4.2.1 村庄规划目标及原则

#### 4.2.1.1 规划目标

规划根据梁村的资源特色，制定目标为：保护传统风貌，挖掘传统文化，展现地方特色，整治景观环境，加强生态质量，促进地区繁荣。

保护传统风貌——保护反映梁村地方历史特征与传统建筑文化的保护区历史风貌。

挖掘传统文化——深入挖掘梁村地方传统文化内涵，保护具有地方传统特色的古堡文化。

展现地方特色——在物质文化遗产方面，通过整治改善梁村的风貌特征，展现具有梁村地方特色的自然山水环境及历史遗迹，在非物质文化遗产方面恢复、保护具有梁村地方文化特征的各种传统技艺、风情、物产、民俗等，展现地方特色。

整治景观环境——通过整治梁村自然环境、建筑风貌、街巷景观，以使梁村整体格局保持与历史环境的协调统一性，改善居民的居住环境，提供符合现代居住生活的服务设施。

加强生态质量——尊重地方自然生态环境，清理对自然生态环境及历史生态环境有影响的构筑物及设施设备，恢复原有生态环境，加强生态环境质量。

促进地区繁荣——完善梁村的各项功能，发展适合于梁村的产业。梁村作为平遥旅游的扩展区，是其旅游产业发展的契机，将梁村打造成古堡文化和农耕文化的展示区，吸引国内外游客来此观光休闲，从而发展地方经济，促进地区繁荣。

#### 4.2.1.2 规划定位

通过深入发掘梁村深厚的历史文化内涵，以保护传统风貌、挖掘传统文化、展现地方特色、整治景观环境、加强生态质量、促进地区繁荣为目标，将梁村定位为具有悠久的历史和民间文化，具有独特人文旅游价值的历史传统村落。

#### 4.2.1.3 规划原则

1. 原真性原则

尊重梁村乡村生活中历史环境所具有的不可替代的价值与作用，贯彻“保护为主、抢救第一”的文物保护工作基本方针，注重保护历史文化遗存的历史真实性。

2. 整体性原则

从整体性上考虑梁村的山水格局、村落环境、建筑风貌及细部装饰等物质性要素的保护，以及民俗文化技艺等非物质要素的传承、弘扬，进而确定保护梁村历史文化的各项措施，对梁村特有整体传统风貌格局进行结构性保护和利用。

3. 协调性原则

协调好历史文化资源保护与社会发展之间的关系，从发展的角度认识保护的含义。在梁村保护与发展的过程中，不断完善村域整体风貌格局，保护其地域特色，挖掘传统文化深厚底蕴，提升功能协调发展。制定适合梁村历史文化特色保护与发展的规划，使之既能切实保护梁村历史文化遗产，又能满足现代生活的需要，使保护与发展协调发展。

4. 分层次原则

梁村保护规划范围分为三个层次，由风貌协调区、建设控制区和历史保护区三个层次的保护内容组成：第一层次，研究梁村的整体风貌格局和产业发展，其包括村域范围约6平方公里；第二层次，研究村庄功能布局调整和村庄建设，包括村庄范围约47公顷；第三层次，研究历史核心保护区资源的利用、整合，其历史保护区范围约13公顷。

5. 可持续原则

依据梁村的社会、经济、文化的发展变化，提出相应的调整措施，对梁村传统民居进行保护，激发传统民居的发展活力，适应经济社会的发展要求，实现保护与发展的良性循环。及时修复性保护的同时，利用民居建筑潜在的可能性，融入时代的特征和创造力，使居民在保护中获得应有的效益。

### 4.2.2 保护与利用策略

#### 4.2.2.1 保护与利用策略

1. 物质形态方面

梁村地处于浅山丘陵地区，村落依山傍水，青山、绿树、田野、水库与古堡、房屋融为一体，自然景观优美。其特有的山水格局，在晋中地区得天独厚，具有鲜明的地域特点。

梁村核心历史地段内有特色的传统居住建筑和公共建筑，大都建于清代，由这些传统建筑形成的街坊、院落共同构成了梁村独特的古堡聚落形态。梁村古堡属于山西堡寨民居，是山西民居的重要类型，梁村也是世界文化遗产平遥古城的重要补充。本地的三合院、四合院建筑作为基本居住类型，带有浓郁的晋中民居特点。

梁村的各堡街巷结构清晰，反映了街巷的生长过程，这些古堡街巷形成富有文化内涵的“王”、“玉”、“土”等特色格局。街巷两侧是连续的高大院墙或青砖瓦砖木民居。祥和的日常生活气氛，素净雅致的街巷景观，共同构成了梁村的街巷。

梁村曾经富甲一时，村中商贾富豪留下了大量考究精良的历史建筑，且保存尚完整，无论是设计理念、营造工艺、雕刻装饰，均体现了极高的艺术价值和水准，是山西晋中地区传统村落的典型代表。

承载梁村历史文化的还有诸如古墓、碑刻、古塔和古树名木等其他环境要素，它们不同程度地反映了梁村的历史文化，共同构成了梁村的历史景观环境。

2. 非物质形态方面

梁村古堡文化内涵丰富，天象学、堪舆学、信仰观以及雕艺和各种美学无不容于五堡之中。

梁村民淳俗厚，本地居民以冀氏为主，具有深厚的血缘和地缘纽带，并在长期的生活中形成了固有的社会生活网络和良好的邻里关系，同时在生活的方方面面都渗透着商贾文化的痕迹。

#### 4.2.2.2 存在问题综述

（1）不少历史建筑缺乏维护，破坏较严重，不少院落已经废弃。历史建筑质量现状情况与建筑建设年代及使用状况密切相关。其中真武庙、观音庙等受到相对较好的维护与修缮，另有少量住宅院落由于居住户数较少且相对稳定而得到自觉的日常维护，大多数历史建筑如南乾堡和昌泰堡内的宅院都由于使用过度、随意改造、缺乏维护等存在着建筑结构老化、衰败等问题。

（2）原堡内因建筑老化且不能满足现代生活需求，导致居民大量迁至堡外，堡内的传统生活结构产生变化。

（3）由于村庄经济相对落后，不少村民都外出打工，留在村里的居民多为老人及儿童，村民从事农业生产收入微薄，生活水平较底。

（4）缺少前期规划与有效管理。由于梁村前期发展中缺少相应规划，造成土地利用效率低且缺少条理性，工业、仓储（砖厂、养殖场）等用地与居住用地混杂，用地结构与规划发展定位不尽一致。整个村子人均住宅用地为70平方米，户均264平方米，远高于户均200平方米标准。历史地段内存在相当多空置地。

（5）市政基础设施尚不完善，进村的道路路况较差。给水、排水等管线仍需要完善。

（6）缺少配套服务设施。商业设施、医疗卫生设施不足，且条件很差；缺少旅游接待设施，如停车场、公共厕所等。

（7）新建建筑风貌较差，与历史建筑不协调。历史地段内的一些新建建筑，特别是南乾堡和昌泰堡内的住宅，有部分新建、插建的建筑，布局和形式均与传统院落较不协调。另外，许多院落内部乱搭乱建现象严重，破坏了传统院落的空间与景观，本身质量也很差。

### 4.2.3 整体性保护与利用措施

1. 对保护区各类建筑进行保护、改造、更新

根据梁村文物古迹、传统建筑等分布情况，在保护规划中划定相应的核心保护区，建设控制区和风貌协调区三个保护层级及相应保护范围，并提出保护的要求、建设控制的指标、风貌协调的具体内容等。保护区现有建筑的历史文化价值、建筑质量等进行调查研究，并进行分类统计，规划好每栋建筑的处理方式，对有历史文化价值的建筑进行保护和修缮，协调现有的建筑风貌，挖掘传统建筑再利用潜力，对其进行功能性提升。

2. 整治村落空间环境与街巷空间，增加公共绿地和公共活动场所

按照整体性保护的原则，对梁村内部的历史环境和周边的自然生态环境，提出保护和整治要求。对古堡的街巷、节点空间进行整治，依据其整体比例尺度、周边建筑风貌、街

巷对景景观、空间围合景观效果以及其空间识别程度等标准，对街巷空间制定详细设计的策略。整理堡墙周边空置土地，增加公共绿地与公共活动场所。

3. 搬迁部分有不良影响的产业，集约利用土地

迁出两处环境破坏严重的砖厂，将保护区内用地构成以居住用地、文化设施用地和公共绿地为主，居住用地在适宜地段鼓励发展适量商业设施，以适应发展旅游休闲和建设宜居生活环境。置换东和堡周边村庄建设用地，回迁村民至各堡内空置地和村支部南侧地块。

4. 发展旅游休闲产业，完善旅游服务设施

对现有的历史文化和环境资源进行整合、再利用，恢复村落传统风貌，为发展旅游休闲产业提供鲜活的生活场景，提升古堡的活力和人气。建设为旅游配套的接待中心、停车场、餐饮、住宿、购物、公共厕所、集散广场等服务设施。

5. 改善市政基础设施和生活服务设施

完善上下水和垃圾处理系统，避免对自然环境、文化环境及视觉环境的破坏，同时配合村域居民生活需要设置适当规模的商业、教育、医疗、文化等生活服务设施。

### 4.2.4 村域整体保护框架

保护框架规划制定的目的是在概括提炼梁村历史文化保护区风貌特色的基础上，通过加强对历史文化保护区的保护，整体地保护历史文化保护区传统的物质形态和非物质形态两个方面。其中物质形态方面分为自然环境和人工环境两个要素。

自然环境要素：指村域有特征的地貌和自然景观，包括地理条件和气候、物候条件。梁村有尹回水库从北至南依村而行，有远处连绵起伏的丘陵、有近处的台地农耕景观，这都是构成梁村村域自然环境的重要因素。

水体景观保护区：主要是现有的尹回水库岸线范围内，北至河堤、南到西宁堡、西接尹回村、东到真武庙北台地。

河谷景观保护区：主要是西宁堡南侧向南延伸至源祠、北新街南侧东西走向的谷地。

台地景观保护区：主要是位于村北北新街周边西至水库、北到河堤南接谷地范围；村西有水库三面环绕的南北走向的狭长地带；村中、南各堡及新建基地周边区域。

农耕景观保护区：村东南、西南两块以平地为主的耕地。西村西河谷两侧各100米。

人工环境要素：人工环境是指人们创建活动所产生的物质环境。在梁村村落发展的历史过程中，当地人民所创建的有地方文化特色的物质环境，一是村落整体以堡为基本单元的独特形态特征；二是村落建筑、院落、街巷等细部风貌特征。梁村村落整体的空间形态格局反映在平面布局、方位轴线以及与之相关的街巷骨架上，而细部特征则反映在建筑的

构造、材料、色彩、平面功能以及相关装饰构建和环境绿化等综合方面。

对人工环境要素的保护即指对梁村历史文化保护区，以传统街巷为骨架，以古堡、古寺庙、古戏台、古树、古井等各处历史遗构为点缀，以街道为主要对外联系渠道，对大量传统民居及文物点为主要内容的人工环境特征的保护。

非物质形态方面：指有梁村当地生活方式和文化观念所形成的社会精神风貌以及由各种社会群体、政治形式和经济结构所形成的村落人文生态结构。梁村悠久的历史孕育了内容丰富、形式多样的民间艺术和民风民俗。梁村古堡文化气息浓厚，晋商文化内容丰富，民俗活动独具特色，这些在很大程度上反映了梁村人民生活风貌的人文环境特征。

对非物质形态方面的保护即指对梁村历史文化保护区居民的社会生活、宗教信仰、风俗习惯、生活情趣、文化艺术等方面所反映的人文环境特征的保护，特别反映在对当地独具特色的庙会、抬神祈雨、梁村的传说故事、生活习俗、商业文化、古堡文化等地方风土人情的保护上。

### 4.2.5 历史文化保护区范围划定

传统村落是指村落形成较早，拥有较丰富的文化与自然资源，具有一定历史、文化、科学、艺术、经济、社会价值，应予以保护的村落。传统村落的历史文化保护区应具有以下特征：有一定规模，较为完整，要有在地区历史文化上占有重要地位有一定比例的真实（有形）遗存及无形文化资产（价值观念、生活方式、组织结构、人际关系、风俗习惯），要有真实的生活的存在，仍然是具有活力的村落区域。

根据梁村的整体历史格局的遗存价值，为了整体保护梁村的历史和风貌，在规划建设中划定历史文化保护区，其具体范围包括南乾堡、昌泰堡、天顺堡及其西大街沿线和小学地段范围，面积12.7公顷。因西宁堡、东和堡两堡均已荒废，已无社会生活，因此这两个历史地段未划入历史文化保护区范围。

通过对梁村现存的聚落空间类型、历史建筑、遗存及各类环境要素等进行分类评价，根据其布局集中、保存完好的程度，将本历史文化保护区可再分为重点保护区和一般保护区两个层次，不同层次的设置可采取不同的措施。

#### 4.2.5.1 核心保护区

核心保护区指历史文化遗存比较集中，并能较完整地反映梁村传统历史风貌和地方特色的区域，该区域整体风貌环境具有较高的历史文化价值。对于核心保护区，各种修建需在规划、文物等有关部门严格审批下进行，其建设活动应以维修、整理、修复及内部更新为主，其建设内容应服从对文物古迹的保护要求，其外观造型、体量、色彩、高度都应与保护对象相适应。核心保护区内不得改变地段的空间格局，不得整体拆除各历史建筑，不得对历史建筑采用整体拆除的方式进行改造，新建、扩建的建筑应在高度、体量、材料、色彩等方面与本保护区的历史文化风貌相协调。不得擅自新建、扩建道路，对现有道路进行改建时，应当保持或者恢复原有道路格局和景观特征。

规划的核心保护区范围为南乾堡、昌泰堡、天顺堡的堡墙四至界线、西大街西侧的地段，包括正阳街12号至49号20个院落范围及古戏台广场，面积约10.2公顷。

#### 4.2.5.2 一般保护区

一般保护区：范围内反映历史风貌的建筑物、构筑物及道路、遗存、树木等环境要素仍有一定比例，新建建筑也基本与传统风貌相协调，并在一定程度上作为重点保护区的环境过渡背景地区。该范围内各种修建性活动应在规划、管理等有关部门指导并同意下才能进行，其建筑内容应根据文物保护要求进行，以取得与保护对象之间合理的空间景观过渡。建筑形式、体量宜符合梁村建筑传统尺度，色彩与传统建筑相协调，功能应以居住和公共建筑为主。对任何不符合上述要求的新旧建筑，除必须搬迁及拆除的之外，近期都应改造其外观形式和建筑色彩，以达到环境的统一，远期应搬迁和拆除。新建、扩建道路、改建道路时，不得破坏本风貌区的历史文化风貌。在此保护范围内的一切建设活动均应经规划部门、文物管理部门等批准，审核后才能进行。

规划的一般保护区范围为历史文化保护区内除重点保护区外的其他区域，面积约2.5公顷。

#### 4.2.5.3 建设控制区

建设控制区：范围紧邻核心保护区，基本为新建建筑，需要在建筑高度、形式和色彩上做严格控制。建设控制区结合村落建设和旅游开发，使保护与利用互为促进。

规划的一般保护区范围为历史文化保护区外15米范围，具体边界可根据现有宅基地院落范围做适当调整，面积约6.3公顷。

### 4.2.6 推荐文物保护单位

为了保护文物本身的完整和安全所必须控制的周围地段，即在文物保护单位的范围以外划一道保护范围。列为重点保护的历史文化保护区，传统民居地段的界线以内，要求确保此范围以内的建筑物、街巷及环境基本不受破坏，如需改动必须严格按照保护规划执行并经过有关部门审定批准。

被列为国家、省、市级的文物古迹、建筑、园林等本身（指四至范围界限以内地区）。所有的建筑本身与环境均要按文物保护法的要求进行保护，不允许随意改变原有状况、面貌及环境。如需进行必要的修缮，应在专家指导下按原样修复，做到“修旧如故”，并严格按审核手续进行。该保护区内现有影响文物原有风貌的建筑物、构筑物必须坚决拆除，且保证满足消防要求。

根据梁村现有的历史建筑的历史文化价值和风貌保存状况，拟推荐下述若干建筑作为平遥县文物保护单位，对于推荐文保的建筑或院落四至界线，应从严格的文物意义上进行保护，它们的外观、内部以及环境。除了复原外，原则上不做任何改造。在维护和修缮中必须保持历史信息的原真性，建筑的立面、结构体系、平面布局、建筑高度和内部装饰均不得改变，保证其内外建筑格局、风貌、风格、尺度不变的情况下修旧如旧，对于推荐文保建筑周边20米建设控制区应参照文物建筑进行保护。保存性保护建筑在重新利用时必须谨慎小心，必须与原来的功能接近，历史建筑的立面结构体系、基本平面布局、建筑高度和有特色的内部装饰不得改变，其余部分允许改变；新建建筑应当在高度、体量、色彩及空间布局等方面与本区的历史文化风貌相协调。

#### 4.2.6.1　观音堂与戏台

观音堂与戏台位于梁村古西街的西端，围合的广场区域是梁村历史上庙会等公共活动的中心地带，观音堂建筑年代最晚不迟于明末清初，戏台约建于民国时期，具有很高的历史文化和建筑艺术价值。

观音堂为梁村五座古寺之一，位于古西街西端，西与古戏台为邻，东距积福寺50米，建筑为一间木瓦结构建筑，面积约38平方米，基地至屋顶高约7米，为窑洞前加木结构屋檐的晋中传统建筑形式，木构部分为大红柱子，黄色瓦当，并绘有精美彩画，具有很高的艺术价值。由于观音堂位于庙会中心区，又与古戏台相连，每到农历七月初三庙会之时，庙中游人络绎不绝，香火旺盛。目前观音堂保存完好。

古戏台为三间木瓦结构建筑，面积约110平方米，基地至屋顶高约7米，底层基座高约1.5米，古戏台为窑洞前加木结构屋檐的传统建筑形式。木构部分为传统梁柱、斗栱披檐的形式，具有较高的建筑艺术价值。古戏台前后分隔，设备齐全，后台有化妆室、换装室、卫生室一应俱全。木格顶棚彩绘各种戏曲人物，栩栩如生。台边由厚30厘米、宽40厘米、长90厘米的大青石条铺边。前台两根青石柱高5米、厚0.55米，上刻吟联，也为罕见之物。戏台东西各有窑洞，中间门匾，上刻“莫来由”、“怎结果”两幅匾联耐人寻味，北面有阶梯形看台，整个戏院可容近万人观看。古戏台是传统庙会以及以后的村民大会召开地，记录了梁村的民众公共生活，具有较高的历史价值。

观音堂与戏台的风貌协调范围为两者外边界20米范围内的完整建筑环境，具体为北边沿古西街北侧一个院落的北侧院落边界，向西为紧贴观音堂的院落（正阳街西一巷22号）的东侧院落边界，南侧边界在南乾堡北侧堡墙向西的延长线上，西侧边界为紧靠广场的一个院落以及一个建筑的西侧边界。

#### 4.2.6.2　北宋墓塔

北宋墓塔位于村北，是北宋咸丰三年邑人冀子虎之墓，古墓为砖砌圆柱形，高约2

米，直径约为1.2米，底部较粗，顶部较细，外形美观，是平遥一带典型的墓塔，有很高的历史文化价值，目前北宋墓塔保存完好。

北宋墓塔的文物保护范围为两个墓塔外轮廓外40米见方的方形区域。

#### 4.2.6.3 具有典型特征风貌的传统民居

梁村的民宅，式样布局，基本为一进或二进四合院，多为窑洞式建筑，院落尺度、建筑进深宏伟，明代以前地基房架，清代民国时期重建或翻建，但门楼都保存明代以前的民居风格式样。布局风貌独特，能够集中反映当地民居风格，具有精美的砖雕、木雕和石雕。具有很高艺术价值的院落主要有南乾堡东一巷10号、昌泰堡一巷9号、天顺堡西一巷1号、天顺堡东一巷1号、天顺堡西三巷7号。

（1）南乾堡东一巷10号：二进院落，面宽12米，进深42米，格局保存完好，建筑为传统窑洞加木构披檐形式，门头与第二进院落建筑保存较好，第一进院落建筑木瓦有毁坏，需要维修。

该院落风貌协调范围为院落边界外20米范围左右的完整建筑环境，具体为东面和南面以南乾堡堡墙为界，西侧该院落相邻院落（东一巷8号、东一巷5号）的西侧院落边界，北侧为东一巷北侧该院落所对三个院落（东一巷5号、东一巷9号、东一巷11号）的北侧院落边界。

（2）昌泰堡一巷9号：一进院落，面宽19米，进深32米，格局保存完好，建筑为传统窑洞建筑，二进院落建筑保存很好，门头屋顶毁坏，一进院落建筑的木瓦有所损坏。

该院落的风貌协调范围为院落边界外20米范围左右的完整建筑环境，具体为北侧边界是昌泰堡三巷4号、6号、8号院落的北侧院落边界，西面沿昌泰堡的堡墙，南面沿着昌泰堡一巷7号、9号、11号三个院落沿街的一排建筑的边界，西侧沿昌泰堡三巷8号，一巷7号两个院落的西侧院落边界。

（3）天顺堡西一巷1号：二进院落，面宽20米，进深52米，格局保存完好，第二进院落建筑为窑洞加木构披檐形式，第一进院落建筑为传统窑洞，保存完好，木构件制作精致，并有精美的木雕。

（4）天顺堡东一巷1号：二进院落，面宽21米，进深53米，格局保存完好，第二进院落建筑为窑洞加木构披檐形式，第一进院落建筑为木构单坡建筑，保存较好，入口房屋损坏严重，木构件制作精致，并有精美的木雕。

天顺堡西一巷1号与东一巷1号隔街相邻，两者的风貌协调范围为各自控制范围的合集。具体为北侧沿天顺堡的堡墙，东侧沿东一巷3号的东侧院落边界，南侧沿东二巷1号、3号，西二巷1号、3号的沿街第一排建筑的南侧边界，西侧沿西一巷3号的西侧院落边界。

（5）天顺堡西三巷7号：二进院落，面宽20米，进深52米，格局保存完好，建筑为传统窑洞建筑，建筑保存较好，该院落的风貌协调范围为院落边界外20米范围左右的完整建筑环境，具体为北侧沿西二巷5号、7号、9号、11号四个院落的第一进院落的边界，东侧沿西二巷5号、西三巷5号两个院落的东侧院落边界，西、南两侧沿天顺堡的堡墙。

### 4.2.7 风貌分区与高度控制规划

#### 4.2.7.1 风貌分区

保护区内除控制建筑高度之外还要对建筑形式进行控制。保护区内的建筑更新必须沿袭传统建筑风貌，对居住和商业、服务设施主要采用平遥民居的建筑形式和四合院的空间布局形式，在风格、形式、色彩上延续地方特色，以灰色调为主，保证整体协调。依上述原则，针对村庄不同的景观类型可划分为传统生活风貌区、现代生活风貌区两大风貌区。

1. 传统生活风貌区

根据现状调查对街坊片区风貌的评定，重要传统民居风貌区基本为一、二类历史建筑相对比较集中，且新建建筑较少的地段，主要包括西大街沿线两侧区域，北至积福寺及真武庙影响地带，向南至南乾堡、昌泰堡及天顺堡一带。

对此传统生活风貌区以保护整体风貌环境为宗旨，区内现有影响整体风貌环境的建筑物、构筑物应予以拆除、整饬，其他历史风貌建筑的维修应在专家的指导下，做到“修旧如旧”。同时可选择性地开放一些重要民居建筑供游人参观。

2. 新建民居风貌区

新建民居风貌区主要由新中国成立后新建的村民住宅构成，建造方式和空间布局、尺度等与传统村落冲突不大。范围是除上述两风貌区外的其他区域。

对于该风貌区环境应以整治、更新为主，凡需保留的传统建筑应加强维修，无需保护的建筑应逐步改造、有机更新，新建建筑应在内容、形式、体量、高度、色彩上与传统风貌环境相协调，使空间有合理的景观过渡。

#### 4.2.7.2 高度控制分区

历史建筑尺度亲切近人，其平缓朴实的面貌是历史文化保护区传统风貌的重要体现，因此对保护区建筑高度进行控制是保护历史传统风貌的重要内容。

根据梁村村庄范围内的现状建筑高度分布特点，保护区内的建筑在保护和更新过程中应按“原貌保护”的原则进行高度控制，本保护区外除各街巷、小广场、集中绿地等开放空间为非建设地带外，其他建设用地可划分出4米和8米两类高度控制分区。

8米控制区包括：古源街东侧、天顺堡和西宁堡南侧（不包括紧临堡墙的一排院落）的新建宅基地，上述地段距核心保护区较远，对历史和传统风貌影响不大，可依据集约使用土地的原则，在新建、改建过程中，适当提高土地的利用强度，同时考虑单体建筑为1~2层，层高3~3.6米，加上檐口与屋脊的高度8米较为合适，故定位8米控制区。

4米控制区包括：除上述地段外其他区域，因现状建筑基本为一层，保持了平缓、朴实的风貌，民居檐口与屋脊高度一般不超过4米，因而以现有建筑高度4米控制。在今后的建设中，应保持这一传统的村落屋面高度形态特征，保持历史街道的视线通畅，同时保证街巷两侧建筑高度错落有致，以形成富于变化的天际轮廓线。

### 4.2.8 景观绿化系统规划

综合利用多种绿化手段，结合原有的历史景观资源特征，突出梁村传统种植特色。保护区内的绿化系统包含有台地绿化、传统街巷绿化、公共绿地、院落绿化等，组构人、绿、村、山、水为一体的生态环境结构，体现原汁原味的历史文化保护区环境意象。

在原有的基础上引入公共开放绿地的层次，增加公共开放绿化的面积，结合重要的节点广场以及组团中心，与村内道路、街巷相结合，增加开放空间和绿化，改善历史文化保护区的空间景观和生态环境。古堡外部一些空间为建筑分割后剩下的空地，对其进行整理后，相对完整的外部空间规划为当地居民的公共广场、绿地；各街坊绿地设计均应采用当地材料，传统样式在风格上应保持一致，铺地采用当地特色铺地。

强化近人尺度的院落绿化，结合现有的零星空地和废弃的住宅布置街坊级小片绿地。结合村内街巷系统，形成绿化网络，加强绿化对历史文化保护区的渗透。提高居民的生态意识，提倡居民对各自院落进行自赏绿化布置，为堡内的老屋旧街增添绿色的生机。

### 4.2.9 人口迁移与人口容量

梁村保护区内的总人口500人，现状居住用地9.71公顷，人均居住用地面积约191平方米，人均居住建筑面积78平方米。经过对现有的保护区机理分析，典型院落的建筑密度在0.4左右，房屋都为一层，容积率也在0.4以下。在规划中对现有的空间肌理进行保护、修复，规划要求建筑密度和容积率也都控制在0.4以下。规划居住用地10.18公顷，按人均居住用地面积约50平方米，人均居住建筑面积20平方米计算，可容纳约2040人。

### 4.2.10 规划功能分区引导

#### 4.2.10.1 规划功能结构

梁村村庄范围内的功能结构可以概括为“三轴、两带、十片、三节点”的开放式结构。

三轴是指村庄沿古源街南北向的公共服务轴、村庄西侧的田园风光展示轴、村庄南侧东西向的对外交通服务轴。

两带是南乾堡和天顺堡西侧、西宁堡东侧的绿化景观隔离带。

十片可分为四种类型，是指集中展现地区居住特色的传统风貌居住片区，满足周边自然村村民安置需要的现代居住改造片区，带动地区发展的旅游服务接待片区，以及丰富旅游活动的农耕生活体验片区。

三节点分别是指村庄北侧围绕主要旅游出入口展开的对外旅游服务节点，古戏台广场周边以改造历史建筑形成的公共活动节点，以及位于村支部周边提升地区服务水平的公共服务节点。

#### 4.2.10.2 规划功能分区

保护区内功能分区主要包括传统风貌居住区、现代居住改造片区、旅游服务接待片区以及农耕生活体验片区四部分组成，各类功能区用地主要分布状况如下：

传统风貌居住区：位于南乾堡、昌泰堡、天顺堡及西大街沿线，集中体现了杨家峪的传统文化以及社会生活特色。该片区是整个村庄中面积最大的区域，同时也是展示地区居住文化的一个重要窗口。在规划中以突出该地区传统居住建筑形式以及庭院绿化种植方式为特色，构成保护区的文化核心区。

旅游服务接待片区：位于村庄北侧积福寺地段，以改造现有学校为重点，整治积福寺及其周边环境，适当恢复部分遗址，为游客提供有传统特色的旅游接待场所、商业设施和停车场。

现代居住改造片区：该区域安置大部分村民，作为保护区外围地区，也是历史保护与更新中的一个重要组成部分，可通过今后对其建筑新建、改建进行体量、高度、色彩和形态等方面的控制，从而达到既不破坏现村整个保护区的视觉效果，又能够保证可实施性的目的。

农耕生活体验片区：这一区域由改造的院落组成，是农耕生态景观与居住生活的有机融合体，为游客提供住宿、餐饮和地方文化体验的物质载体。

#### 4.2.10.3 规划用地布局

根据前述集约利用土地的原则，规划对村庄建设用地的范围、规模进行调整，置换东和堡周边村庄建设用地至堡内空置地和村支部南侧，将本地段恢复为遗址保护范围。控制总用地规模40.4公顷，比现状用地节约6.5公顷。

居住用地27.9亿公顷，占规划总用地的69.1%，本村落是以居住为主要功能的区域，原有的大部分住宅院落均保持原用地性质，调整东和堡周边居住用地，置换到现村大队部南侧。增加村大队部南侧三角地块为居住用地。

管理性、公益性设施用地2.41公顷，占总用地的6.1%，保留现有行政设施，在古源街沿线、积福寺等地段增加商业设施用地，调整现小学教育用地至古源街东侧原大队地块，在真武庙前增加文体设施用地，其中：

行政办公：保留位于村口的村大队部用地，总占地0.09公顷，占规划用地的0.2%。

商业：主要是分布在村北积福寺地段的旅游接待设施和村南支部地段的公共服务中心，总占地1.22公顷，占规划用地的3.3%。

医疗卫生用地：位于村南侧支部北的卫生站，总占地0.01公顷，占规划用地的0.1%。

教育设施用地：调整小学和幼儿园至古源街东侧原大队地块，总占地0.7公顷，占规划用地的1.7%。

文体设施用地：主要是真武庙、观音庙和戏台的文化设施及积福寺东侧体育设施用地，总占地0.31公顷，占规划用地的0.8%。

**规划用地平衡表** 表4-2-1

| 类别 | 面积（$m^2$） | 比例（%） |
| --- | --- | --- |
| 村民住宅用地 | 27.01 | 69.1 |
| 工农业生产用地 | 1.36 | 3.4 |
| 教育设施用地 | 0.7 | 1.7 |
| 商业设施用地 | 1.22 | 3.3 |
| 文体设施用地 | 0.31 | 0.8 |
| 行政管理用地 | 0.09 | 0.2 |
| 道路广场用地 | 7.27 | 16.9 |
| 医疗设施用地 | 0.01 | 0.1 |
| 停车场 | 0.42 | 1.1 |
| 绿化设施用地 | 1.11 | 3.3 |
| 总计 | 40.4 | 100 |

道路广场用地7.27公顷，占规划总用地的16.9%，包括一个公共活动广场和五个停车场，保留现有的街巷格局和尺度，在不影响风貌的地段，适当拓宽空间形成环路。

公共绿地1.11公顷，占规划总用地的3.3%。结合南乾堡、天顺堡两堡沿线增设街头绿地，在公共活动中心和入口广场内部布置公共绿地。

工农业生产用地1.36公顷，占规划总用地的3.4%，搬迁现有砖厂，保留养殖场（表4-2-1）。

## 4.2.11 道路交通组织

### 4.2.11.1 规划原则

外围交通在保证不打破历史文化保护区原有宁静气氛的前提下应充分保证其交通可达性，成为充分提高梁村历史文化保护区居民生活质量和发展旅游的保障。历史文化保护区内街巷保持原有的尺度、比例和步行方式，严格限制现代交通工具如摩托车的使用。

**4.2.11.2　规划构思**

应注重历史文化保护区外围的道路与历史文化保护区的衔接，以保证历史文化保护区的交通可达性，并保证历史文化保护区内纯步行系统的实施。在历史文化保护区外围设置停车场和公交站点，并在机动车与非机动车系统交接处设停车场，以解决公共交通换乘和旅游交通的停车问题。

历史文化保护区内街巷交通保持步行方式，对自行车和摩托车等继续实行通行管制。

**4.2.11.3　规划措施**

街区外围道路按总体规划实施。街区内部主要道路（古源街、古西街及古堡内的道路）维持不变。堡内主要通道均限制机动车通行，主要起到为当地居民日常通情提供交通支持以及市政消防的作用。机动车道仅在古源街和古西街，村域北侧机动车进入尹湖水库北侧即进行电瓶车换乘。

整理古堡内部街坊步行道，使之系统化。步行交通线路结合各堡主街形成重要风貌展示街道，沿鱼骨状特色风貌步行街与支线步行通道有序展开，同时疏通组团内部各个街巷，与重要的古戏台前步行广场一起共同构成网络化的街道步行系统。步行道根据原始风貌加以恢复和整治，路面尽量采用当地传统的石材，创造集游览、休闲、文化与一体的人性化空间。

## 4.3　基础设施改造规划与实施方案

### 4.3.1　给水工程

供水系统规划为统一给水系统，根据规划道路网采用分区环状与树枝状相结合形状，做到安全可靠、技术先进、经济有效。供水压力应达到各用户均可由管网直接供水，必要时管网段设给水加压泵站。

给水管网接入地块内部，给水管管网的布置采取枝状布置的形式。地块内用水主要为居民生活用水、公共设施用水和少量绿化、道路浇灌用水。

消防水管与给水管合设，因地块内建筑均为低层，无需设置水泵，消防管末端管径应在$\phi$65毫米以上。因本地块内多为历史建筑，消防栓设置应比一般地区密集，规划本地块的消防栓间距不大于80米。独立设置专管，供水应安全可靠，且方便使用。

### 4.3.2 排水工程

改造房屋内部结构，使用现代卫生设备，有条件的房屋建化粪池，粪便污水初级净化后，接到污水管道；无条件的房屋的污水通过检查井街污水管道。该地块采取的排水体制为分流制。

污水管布置应结合地形特点与污水处理设施的具体方位来铺设，管网枝状布置，污水汇集到古源街的污水干管，经污水处理后排放，地块内污水管径不小于$\phi$300毫米。

本村建成区地形较为平坦，地形与水位的高差较大。雨水排放充分利用地形条件和自然水体，管网布置采取分散方式，就近向水体排放。雨量较大时，周边谷地承担泄水功能。

### 4.3.3 电力工程

电力、通信线近期可暂时保留架空敷设，但重要历史和景观地区因采用地埋敷设。远期都应该为地埋敷设。因路宽所限，采用穿管敷设。

有线电视入户率达到100%，逐步取消户外天线，有线电视线路与电话线同沟敷设。

为提高村落现代的建设水平，拥有高效、方便、高质量、多样化的计算机网络及通信系统。电讯、计算机网络的光缆和有线电视电缆从村域主干道进入本区。在村内设总的电信交接间、计算机网络中心。

村内的用电量主要是由居住用地用电量和公共设施用地用电量组成。整个地块设开闭站一处控制各变压器电路。变压器在满足安全供电的基础之上，应尽量选择人流比较少的位置布置。电力线路沿地块主要道路布置，成枝状布置，原则上采用地埋敷设。

### 4.3.4 环卫工程

合理规划布局垃圾站点。以利于使用和运输。传统民居游览街巷每50~80米，村内交通道路每80~100米设一废物箱，废物箱的形式、材料与颜色须与周围环境相协调。

公共厕所布点要不影响旅游景观节点的环境，并应布置在重点保护地段之外，其建筑形式应与周围环境相协调。

### 4.3.5 燃气工程

传统村落应积极推广使用天然气，若所受条件有限，可采用瓶装液化气。

# 4.4 旅游规划

## 4.4.1 规划设想

### 4.4.1.1 统筹发展的思路

整合梁村自然环境，人文要素，与平遥古城旅游发展统筹规划，形成互补型旅游景点，同时考虑到晋中内其他历史文化资源及著名景点的旅游发展思路，形成自己的特色。

### 4.4.1.2 展示梁村的历史传统文化

整合梁村现有的庙宇、广场、院落、戏台等元素，规划富有趣味的游览路线，展示梁村鲜活的富有历史文化底蕴的空间生活场景。

### 4.4.1.3 丰富的旅游内容

根据梁村村落保护规划对历史文化保护区的定位，旅游内容以“吃、住、游、购”为主，兼以“行、乐”，并考虑到季节等因素对旅游发展的影响。

### 4.4.1.4 居民生活作为旅游本体的思路

发展旅游同时改善居民的生活条件，重现街区活力。展现传统前店后宅式居住形态，将居民生活融入旅游发展之中，使二者共同发展。

## 4.4.2 景点设置

### 4.4.2.1 天顺堡院落

对天顺堡推荐文保院落进行修缮和立面整治，以地方名人事迹如毛鸿翰等展示为主题，弘扬梁村人文荟萃的灿烂历史和商业文化。

### 4.4.2.2 南乾堡院落

对作为推荐文保单位的院落进行内外环境改造和建筑的修缮，作为梁村地方重要的特色建筑工艺——砖雕的集中展示场所，突出梁村建筑集“建筑，绘画，雕刻”三位一体的特点。

### 4.4.2.3 积福寺、真武庙

对现积福寺遗址进行修缮，并对其周边环境进行整治，重点塑造寺与塔、寺与自然环境的景观联系，旨在突出宗教生活意境和古村历史的宗教渊源。

### 4.4.2.4 古戏台，观音堂

整治古戏台，进行传统戏曲的表演，同时，结合戏台规划茶棚，欣赏戏曲的同时可以喝茶休闲，集文化、娱乐、休闲功能为一体。可以提供给票友进行表演大赛，并举办一定的戏曲表演比赛，共同提高戏台前广场的人气。

#### 4.4.2.5 尹回水库

保护水库周边环境及风貌，选择适当位置设置瞭望台，使游人可驻足眺望水库。欣赏山水美景。

### 4.4.3 游线组织

为了体现梁村历史文化特色及自然资源特色。游线组织上也分为历史文化体验游线及田园风光特色游线两条线。

线路1：历史文化特色游线

入口——旅游接待中心（停车、咨询）——观音堂、戏台茶棚景区（参观留影）——南乾堡主街（参观体验民居生活）——民居文化博物馆（观看居住建筑、雕刻）——天顺铺主街——晋商文化展示（观摩毛鸿翰宅体验票号文化）。

历史文化游线主要以体验中部以庙宇、古戏台、院落、古树、古街为主要元素，形成以梁村特色民俗文化生活体验为核心的体验区。建筑以外地面维护为主，保护原有街巷空间的尺度。

线路2：农耕文化体验特色游线

入口（电瓶车换乘和步行）——尹湖水库（观景垂钓）——果园（采摘）——农耕体验景区（吃农家饭，喝茶休闲）。

田园风光特色游线主要以休闲娱乐为主，通过民俗的差异、饮食的开发，并开发垂钓、茶棚、采摘等辅助设施。

### 4.4.4 旅游管理

为了健康发展历史文化保护区文化特色旅游，建议成立专门旅游管理机构，对旅游项目导入、旅游设施建设与维护、旅游行业管理等作综合调控。

#### 4.4.4.1 设施管理

在旅游发展初期，应积极导入合理的项目，推动旅游设施的完善化。环境整治、接待服务设施建设、文化内容的挖掘疏理与安排、居民搬迁安置等一系列工作亟待有序展开。在旅游发展中期，需要扩大旅游产品影响力，进一步提高旅游配套设施的质量，符合发展需要。在旅游发展后期，重点在于对设施的维护与管理。所以，对旅游设施的管理要有理、有序、有重点地展开。

#### 4.4.4.2 服务管理

旅游服务作为旅游发展的软环境，对于旅游事业的成败起着举足轻重的作用。旅游服务涉及面广，极具复杂性，时间上又要求连续，这些给工作带来诸多麻烦。对旅游服务的管理工作要重在人员培养、品牌营销、市场规范、服务标准化建设、反馈评价体系建设等方面。所以，对旅游服务管理要全面、细致、长期地展开。

| 1 | 2 | 3 |
| --- | --- | --- |
| 4 | 5 | 6 |

图4-5-1 保护区范围

图4-5-2 核心保护区

图4-5-3 景观节点规划

图4-5-4 土地利用规划

图4-5-5 保护建筑

图4-5-6 旅游产业提升

## 4.5 传统村落综合提升实施方案图集

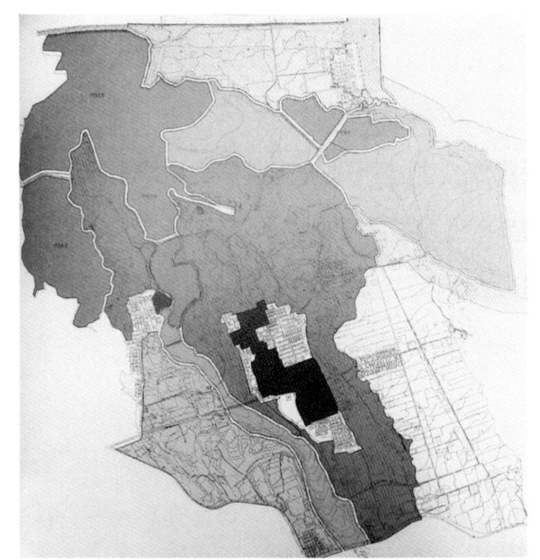

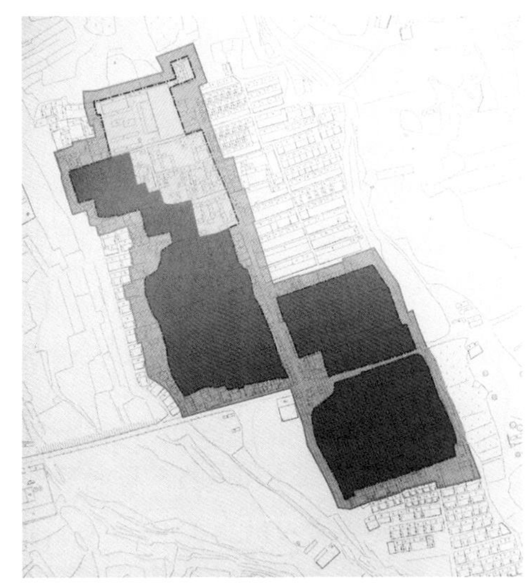

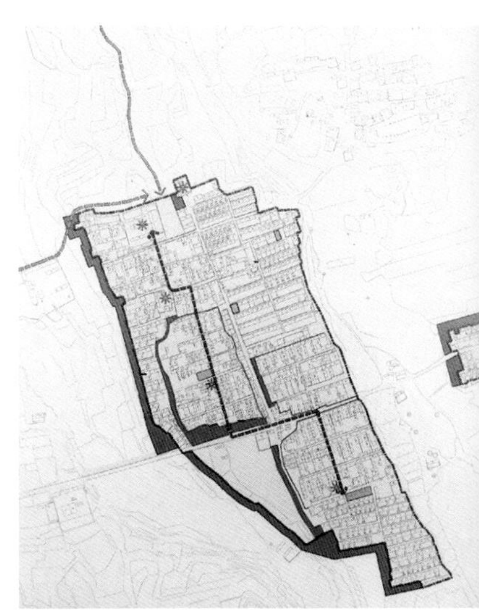

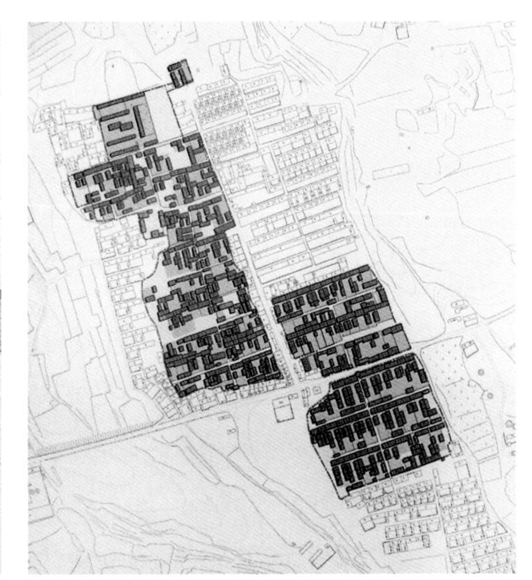

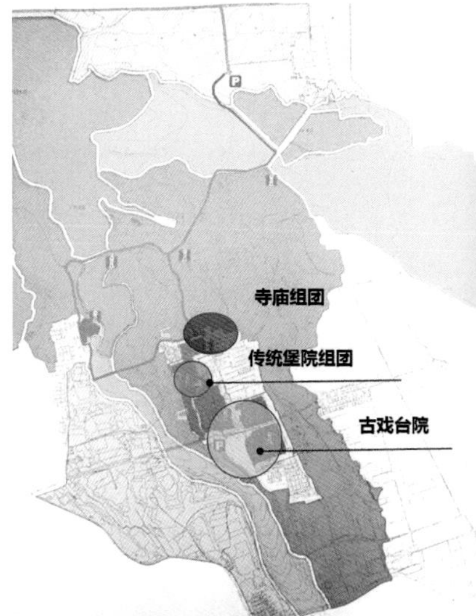

| 7 | 8 |
|---|---|
| 9 | 10 |
| 11 | 12 |

图4-5-7 **保护修缮建议1**

图4-5-8 **保护修缮建议2**

图4-5-9 **保护修缮建议3**

图4-5-10 **保护修缮建议4**

图4-5-11 **保护修缮建议5**

图4-5-12 **保护修缮建议6**

恢复民居
原格局

修缮门楼

恢复影壁

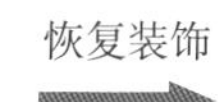

恢复壁画

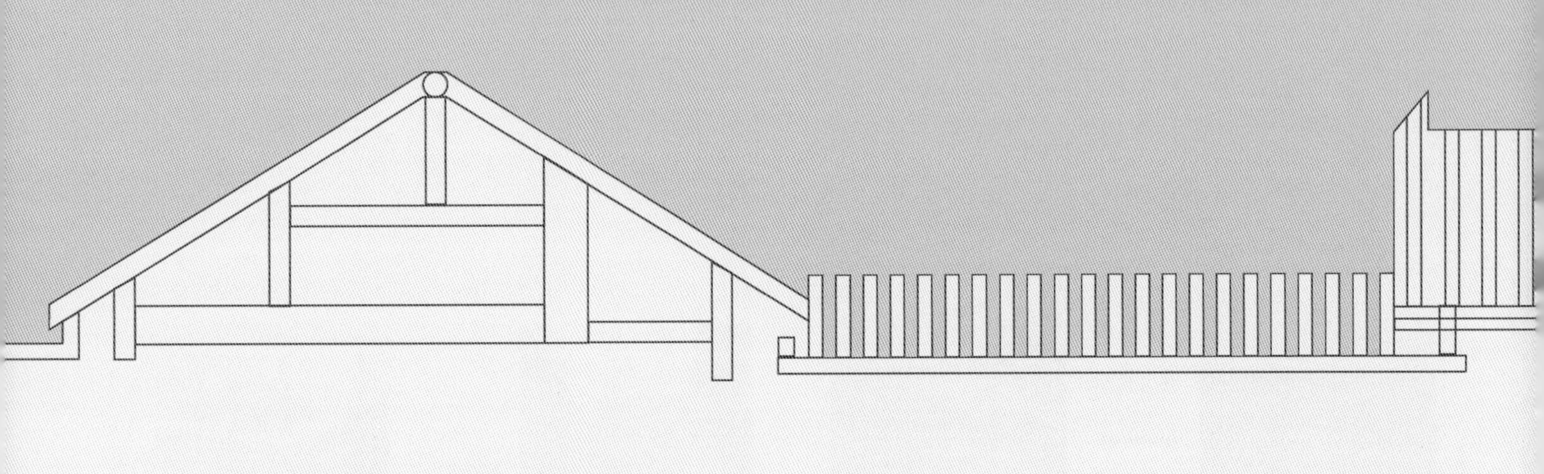

# 第5章

# 冉庄村传统村落发展与演化历程

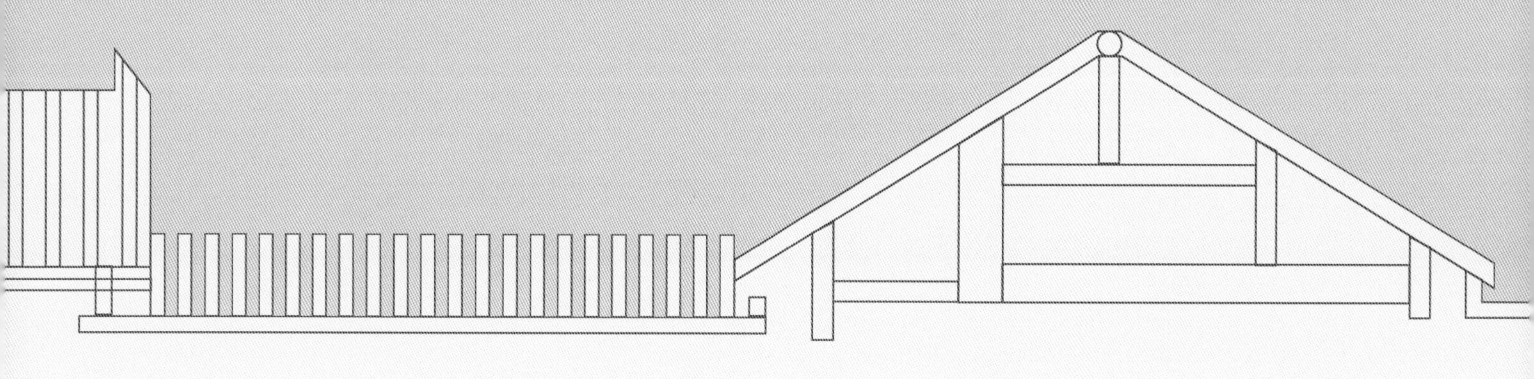

河北省目前四批传统村落共计145个，分布在石家庄、张家口、邯郸、邢台、保定、唐山、承德、秦皇岛。大多数传统村落集中于张家口、石家庄、邯郸三地，占到了河北省传统村落总量的80%（表5-0-1）。

**河北省各地传统村落统计表** **表5-0-1**

| 序号 | 地名 | 第一批 | 第二批 | 第三批 | 第四批 | 合计 | 比例 |
|---|---|---|---|---|---|---|---|
| 1 | 石家庄 | 8 | 3 | — | 27 | 38 | 26.21% |
| 2 | 邯郸 | 14 | — | 4 | 13 | 31 | 21.38% |
| 3 | 张家口 | 7 | 2 | 7 | 31 | 47 | 32.41% |
| 4 | 唐山 | — | — | — | 1 | 1 | 0.69% |
| 5 | 邢台 | 2 | 1 | 4 | 11 | 18 | 12.41% |
| 6 | 保定 | 1 | 1 | 2 | 3 | 7 | 4.83% |
| 7 | 承德 | — | — | — | 1 | 1 | 0.69% |
| 8 | 衡水 | — | — | — | 1 | 1 | 0.69% |
| 9 | 秦皇岛 | — | — | 1 | — | 1 | 0.69% |
| 小计 | | 32 | 7 | 18 | 88 | 145 | 100% |

河北省位于华北地区的东部，地处东经113° 27′～119° 50′，北纬36° 05′～42° 40′之间，总面积18.85万平方公里。地处北京周围，东与天津市毗连，并紧傍渤海，东南部、南部衔山东、河南两省，西倚太行山与山西省为邻，西北部、北部与内蒙古自治区交界，东北部与辽宁省接壤。河北省地势西北高、东南低，境内地势高低悬殊，最北部为高原，而东南部为平原地区，地貌复杂多样，包含了高原、山地、丘陵、盆地、平原等类型。

河北是燕赵文化的发祥地。燕赵文化是中国传统文化的有机组成部分，具有很强的地域特点。河北属古冀州，现为河北省的简称。春秋时期，河北分属燕、晋、卫、齐诸国；战国时期分属燕、赵、中山以及魏、齐等国，其中以燕、赵为主，故有“燕赵”之称；秦统一中国后，在今河北地区设置上谷、渔阳、右北平、代、巨鹿、邯郸、广阳、恒山等8郡；汉代，始划幽、冀等州，作为正式行政区域自此始；隋代，置幽州总管府；唐代，属河北道，河北作为正式行政区划始于此；宋代，分河北为东、西两路；元代在今河北地区置大都、永平、兴和、保定、真定、河间、顺德、广平、大名等路，直属中书省，谓之“腹里”；明洪武年间，在今河北地区置北平等处布政使司，永乐年间改北平为京师，置顺天府，各府、州直隶京师，称北直隶；清置直隶省，民国初期仍沿用；1928年改直隶省为河北省至今。

元、明、清三朝都城都建于北京，成为京畿重地，在元、明、清三朝近700年的时间里，河北归中央政府管辖，故又称为直隶省。元明清各朝都把燕赵的腹地北京设为国都，形成了全国的政治与文化中心，更是各代皇族政权统治的核心。河北的文化遗存非常丰富，位于河北北部的元中都遗址，是保存较为完整的古代皇城遗址，被列入世界文化遗产名录的明代长城有2000公里穿越河北。长城东端的秦皇岛山海关、保定莲池书院、皇家的陵园东陵和西陵以及承德避暑山庄及外八庙都是著名的历史遗迹。这些都体现出河北的历史传统文化在中华文明中举足轻重的地位。

燕赵大地位于中国的北方，燕山南北，长城内外，自古以来就是北方民族同中原民族纷争交流的地带，各族人民通过各种渠道与方式实现了汇聚，燕山以北是畜牧民族的经济文化，而在南部为农耕民族的经济文化，这里是汉族文化与北方游牧民族文化相融合的地域。

近代的河北饱经战火，历经沧桑，从19世纪中期到20世纪中叶的100年间，河北人民反抗侵略，以奴役的斗争风起云涌，争取民主自由的斗争，波澜壮阔，最终在中国共产党的领导下，取得了彻底的解放。自1949年中华人民共和国成立以来，河北进入了新的发展的时期，现今的河北社会稳定，经济腾飞，一派繁荣昌盛的景象。

## 5.1 保定地区传统村落格局发展与演化

保定位于河北省中部，河北省地级市，有“京畿重地”之称，是京津冀地区中心城市之一，北邻北京市和张家口市，东接廊坊市和沧州市，南与石家庄市和衡水市相连，西部与山西省接壤，介于北纬38° 10′~40° 00′，东经113° 40′~116° 20′ 之间。

保定属暖温带大陆性季风气候区，主要气候特点是：四季分明，春季干燥多风，夏季炎热多雨，雨、热同季，秋季天高气爽，冬季寒冷干燥。多年平均气温13.4℃。年平均日照时数2511.0小时，占可照时数的56%。年平均降水量498.9毫米，年平均降水日数为68天；降水集中在每年6~8月，7月最多。年平均风速1.8米/秒。年平均蒸发量为1430.5毫米。

保定是国家历史文化名城。有三千多年历史，是尧帝的出生和受封地，是燕文化发源地。曾经诞生了刘备、赵匡胤、祖冲之、郦道元、关汉卿、王实甫等一大批历史名人。并且，保定还同时具有厚重的书院文化和红色文化。宋有州学，明有府学，莲池书院被毛泽东主席称为清末“全国书院之冠”，清末民初保定被称为“学生城”。保定陆军军官学

图5-1-1　**保定景观资源图**

校是我国近代第一所正规陆军军校，曾培养出1800多名高级将帅。保定是留法勤工俭学运动的发祥地，曾创建北方最早的红色政权——中华苏维埃阜平县政府。《红旗谱》、《地道战》、《狼牙山五壮士》、《小兵张嘎》、《野火春风斗古城》等红色经典作品，反映了保定革命斗争和抗日战争的光荣历史（图5-1-1）。

保定是传说中尧帝的故乡，有着3000多年的历史，是历史上燕国、中山国、后燕立都之地，有着悠久的文化历史。今天保定市旧城区是始建于北宋时期，但是在金贞祐元年（1213年），曾遭到蒙古军队的屠城，房屋尽被烧毁，居民惨遭杀戮，整座城池成为一片废墟，直至1227年，保定城开始重建，现今的保定城为这之后所修建的城市。清代保定为直隶省省会，在此后200多年间，为中国近代史上的区域性政治中心。

2017年4月，中共中央、国务院决定设立河北雄安新区，涉及保定市雄县、容城、安新3县及周边部分区域。

在2012年开始，中国开始了评审《中国传统村落名录》。其中保定分四批共有7个村落入选。保定市清苑县冉庄镇冉庄村作为第一批入选，其他6个分别为：顺平县腰山镇南腰山村、清苑县孙村乡戎宫营村、清苑县闫庄乡国公营村、涞水县九龙镇岭南台村、安新县圈头乡圈头村、顺平县大悲乡刘家庄村。

保定地区民族构成以汉族为主。作为我国古代文明发祥地之一，历史悠久、文化繁荣。宗教信仰有佛教、道教、伊斯兰教、天主教、基督教等，并且受到了儒家思想的影响。

## 5.2 保定地区传统民居建造工艺

保定属于华北地区，传统的保定地区民居属于北方合院式建筑体系，其传统的民居以生土或砖木构房屋为主，结构方式多是抬梁式的木结构，传统住宅山墙延续了民居装饰的简洁、浑厚的风格。一般墙面多由土坯垒成或露砖砌筑，为保证有较好的蓄热保温功能，厚度可达490毫米。墙体材料体现本色，垂带处的形状直接反应屋顶的形式，且大多数只用板线与条线随屋顶形式而成，整体没有过多的装饰，与整体风格相适应。围墙高大壁立，不开窗，连续的灰色墙面塑造了古朴典雅的街道景观。院墙、山墙、门楼、倒座等高低错落，使建筑形式变化丰富。

保定地区传统民居建筑，多数是平房，房屋结构以木柱托梁架檩，支撑椽条和轻瓦屋顶，以青砖墙、生砖墙、石墙及夯土墙维护北、东、西三面，南向开有窗户。低窗台，去多支摘窗，窗上有棂格、糊纸，现在多作死扇窗，安大玻璃，屋内光线充足。室内砌有土炕，与灶相通。炕上铺席，席上铺毡，上置矮桌，可进餐或待客。屋顶多是人字形（俗称两面坡），坡斜度平缓。除瓦顶之外，还有在椽条上垫细树枝抹泥做顶的（图5-2-1～图5-2-6）。

1. 平面布局

保定地区传统民居属于北方合院式建筑体系。其平面基本布局是以正房、倒座、东西厢房围绕中间庭院形成院落。院落大都南北向布置，正房坐北朝南，为主要居住用房。

在华北平原南北部民居平面差异较大：北部地区房间区分明确，通常为3间或5间（近年来因为宅基地宽度的原因，许多地方新盖房屋通常为4间），各房间分划明确，通常中间一间（有时较其他房屋宽）为堂屋，兼作厨房、过厅。南部地区民居的建筑平面根据各家需要自由灵活，多数民居室内不设隔墙，只用家具分隔空间。通常为面阔3间（近年来多为4间或5间）。中间为客厅，有的在北墙的中心放置香案供奉神灵，两边是卧室，或有两代人同时居住的，中间做一道分隔，分别入口。

| 1 | 2 |
|---|---|
| 3 | |
| 4 | 5 |
| | 6 |

图5-2-1　顺平腰山王氏庄园

图5-2-2　保定市幸福里街10号院孙岳故居

图5-2-3　保定市枣儿胡同31号院

图5-2-4　保定市贤良祠

图5-2-5　涞水县岭南台村古民居

图5-2-6　唐县吉祥庄传统民居

2. 建筑形态

保定的民居的形态因时间和地点的不同各异，大体说来分为坡屋面和平屋面，演变形态有坡屋面加柱廊、二层楼式坡屋面、平屋面等形式。

3. 结构、构造与材料

保定的民居结构体系随着时代的更迭不断发展和演变。传统的合院式民居，以生土木、砖木结构房屋为主。结构方式多为台架式木结构，北方民居接近标准的宫式做法，整体性较好。

4. 生活设施与节能设施

在生活设施和节能技术上，许多传统的优秀经验沿用至今，如火炕、化粪池、水窖等。火炕是北方冬季采暖的主要手段，也是一种巧妙地重复利用能源的方式。它利用厨房灶火的余热产生的高温烟气流经炕下的烟道，与烟道壁进行热量交换进而加热炕面达到采暖的目的，同时土制的火炕具有蓄热量大、散热均匀的优点。保定属于冀中，其传统民居与北京的相似：民居一般以三合院或四合院为主的建筑形式，其特点为平面布局，基本方正，大都呈南北向布置，以正方、厢房、倒座等围合出中间的院落空间，并以庭院为单元向纵向、横向进行组合，由此形成不同规模的院落，保定地区的民居一般呈南北长、东西窄的纵长方形。民居中一般正房、大门、主庭院等布置在南北主轴线上，在正房南侧左右布置对称的厢房。

保定地区的大门很多位于中轴线上，居中布置，正门在整个院落中处于重要的位置。民居大门开在南墙正中或东南角，有的大门会与倒座结合，大门会面对庭院内的照壁。

建筑形态其屋面形式分为坡屋顶和平屋顶。由于当地气候冬寒少雪、春季多风沙、夏季炎热少雨，屋面主要起保温及防风作用，相对于防水要差一些，所以当地传统建筑屋面多以硬山、卷棚为主，屋面较厚，坡度一般为30°，屋面材质为青瓦，同时还有不少平屋顶，用来晾晒谷物。

保定地区的民居中窗户一般为长窗、半窗和支摘窗，其窗棂格装饰主要有三种：第一种为平棂、万字纹、方眼格为代表的，不强调构图中心，为大面积得到疏朗空漏的效果，图案简单，在房屋居室中多见；第二种强调图案构图中心，有视觉中心，多用在重要房间；第三种是多中心的构图处理，即在棂格图案中加上图形，一般用在具有装饰意义的庭院建筑中。

保定地区传统民居在色彩上多以棕色与青灰色为主，墙面多为青砖或土坯本色（土黄色）。立面上多采用较深的暖色调，门窗的多采用红色、棕色，

进入20世纪80年代后，逐渐被砖墙结构体系的建筑所代替。在生活设施上，沿用了许多传统经验，如火炕、化粪池、水窖等。

# 5.3 冉庄村传统村落现状调查分析

## 5.3.1 地理位置

冉庄镇冉庄村位于河北省保定市清苑县西南部，距清苑县14.9公里，冉庄村是镇政府所在地。冉庄村位于冉庄镇中部，东临张登镇北店乡，南连李庄乡，北接白团乡、魏村镇。地理位置介于东经115° 19′ 38″~115° 26′ 27″，北纬38° 38′ 3″~38° 42′ 45″。

## 5.3.2 自然环境

### 5.3.2.1 气候

冉庄村属温带大陆性季风气候，春季多风干旱，夏季多阴雨。年平均气温摄氏12.2度，最高平均气温（7月份）摄氏26.4度，最低平均气温（1月份）零下4.7摄氏度。年平均降水量451.8毫米。全年主导风向为东北风。冬夏季以东北风为主，春夏季以偏南风为主，年平均风速2.2米/秒。

### 5.3.2.2 地形地貌

冉庄村地处海河流域平原，地势较平坦，境内有两条季节性河流。九龙河由西孙庄西北入境，向东流经大张庄、小张庄，至靳庄北出境，境内全长4.6公里，西开河由冉庄南入境，自西南至冉庄东北出境，境内长1.6公里。有排涝干渠四条，全长28000多米。

### 5.3.2.3 水文情况

冉庄镇域境内河流均属河海水系，主要河流有清水河、新开河两条河流，由西南向东北汇流后流入白洋淀，主要分布在镇域的南部和北部。九龙河经过冉庄村村域汇入新开河。

冉庄村域地下水资源丰富，水力坡度0.57。地下水以大气降水补给和山前侧向补给主要补给水源。目前中层水位于地下80~150米范围内，含水层厚度可达30~50米。

## 5.3.3 冉庄历史沿革

公元350年，赵国大将冉闵杀死后赵国君王石鉴建立了魏国，史称冉魏。公元352年，被鲜卑族慕容氏前燕政权所灭，冉氏家族中的一支，易姓为周，潜至今冉庄一带。从那时起开始，冉庄农业和经济开始迅速发展，呈现出繁荣景象。相传宋朝时期，杨业六子延昭，任保州缘边都巡检史，宁边军部署职其间，遣部将率军在冉庄村北一公里处倚清水河岸建筑营寨，戍守演练，促使冉庄的农牧业开始发达，商铺增多。所以，冉庄也有唐村宋镇之说。

1928年，直隶省改为河北省。清苑县属河北省管辖，全县划分为7个区，辖404个村庄；

1961年5月30日，将南大冉、藏存、石桥、东闾、冉庄、温仁6个人民公社改建成工作委员会，全县划分33个人民公社。1961年11月11日，建立阳城区，同时将各工委改称区公所。

1983年5月，根据上级指示，在南大冉、冉庄、北王力、南王力、大阳5个人民公社进行行政社分开试点，随之撤销人民公社，复置乡。

1986年10月23日，根据省政府22号文件，撤销区级建置，县直接领导乡镇。

2007年5月31日，清苑县冉庄镇冉庄村被确定为第三批国家级历史文化名村。

2012年，冉庄村入选住房和城乡建设部、文化部、财政部三部门联合公布了第一批中国传统村落名单。

### 5.3.4 冉庄地道历史背景与布局

冉庄因源于其红色背景而真正成名。冉庄地道始开挖于1938年。1937年“七・七事变”后，日本侵略军大举南侵，日寇在冀中平原上采用“铁壁合围”、“纵横梳篦”的清剿战术，进行灭绝人寰的“大扫荡”，实行“烧光、杀光、抢光”三光政策。日本侵略者在冀中地区有计划地建据点、修公路、挖封锁沟，仅在6万平方公里的冀中平原上就修筑据点、炮楼1783处，修公路2万多公里，挖封锁沟8878公里，使冀中人民承受了巨大的苦难。在残酷的战争环境下，为了防备敌人的袭击，保存自己，抵抗日寇，冀中一带人民开始挖地洞来保护自己。随着战争深入，地道由保护自己的防御型逐步发展成为具有打击能力消灭敌人的地道网络工事，在冀中地区地道形成了户户相通，村村相连，上下呼应，能进能退，长达16公里的战斗地道网，成为在冀中平原地区抗日武装保存自己，消灭敌人，扭转战局的一种独特战斗方式。在中国共产党的领导下，冉庄人民以其聪明才智和创造精神，利用地道优势巧妙地设计了各种工事和地道口，部署不同的作战方法，在普通的村庄，创出了不平凡的战绩，其配合武工队、野战军对敌作战157次，歼敌2100名，被誉为地道战模范村。曾荣获“地道战模范村”称号，涌现出张森林、李连瑞等革命烈士。原冀中军区司令员吕正操等革命家曾在冉庄战斗过。电影《地道战》正是以此为背景而拍摄的，受到了全国观众的欢迎与喜爱，更是成为人们脑海中不可磨灭的一段记忆。

冉庄为华北平原中部典型的传统村落，现仍保留着20世纪三四十年代冀中平原风貌和当年构筑的地道及各种作战工事。村南面有清水（九龙）河流过，上有九龙桥与南大街联系，其余各面设有护村壕，村东北侧为芦苇塘，村落面积30万平方米。村庄道路以南北大街和东西大街为主干展开，街宽6米，南北长约600米，东西长800米，路网格局基本保存原状。南北大街中段两侧为商业店铺类建筑，尚维持原貌。十字街处有古槐两株，树上悬报警铁钟一口，是冉庄地道战标志性文物；支线道路与胡同基本为纵横排列，民居基本为一层平顶式砖木结构建筑，按住户形成院落。当时，公共建筑仅有寺庙等建筑，大都采用两坡顶形式；十字街西北有关帝庙；村北部原有青龙寺，俗称北大寺；村南端有三官庙，内供三元大帝；西大街西端为五道庙，供五道将军（据称为阎王手下干将）；东大街有小庙两座（双庙与青神庙）；老母庙位于村东北区刘家街。

1961年3月4日，冉庄地道战遗址被国务院公布为第一批全国重点文物保护单位。聂荣臻元帅题写馆名，杨成武将军为展厅题写牌匾。1994年被列为河北省爱国主义教育基地。1995年被共青团中央确定为全国青少年教育基地。1997年被中宣部命名为全国爱国主义教育示范基地。2003年被河北省人民政府、省军区确定为第一批国防教育基地。

1988年4月，政府出资对沿街的一些受保护民居进行了征收，规定村民只有居住权，不得擅自拆除、改建。1955～1977年河北省爱国主义基地建设领导小组曾拨款对部分地道及保护民居进行修缮。现沿街保护民居及环境基本保持了原貌（图5-3-1~图5-3-6）。

### 5.3.5 冉庄村保存现状

地道战是冀中平原抗日斗争的光辉典范和缩影。冉庄现仍保留着20世纪三四十年代冀中平原村落的环境风貌，保留着当年构筑的多路地道及各种作战工事。

冉庄村整体格局基本保存原状。南北大街中段传统商业店铺类建筑尚维持原有风貌，十字街部分传统风貌保存较好。十字街有报警用的铁钟一口，古槐两棵，是冉庄地道战的标志性的文物。其中一棵是原树，另一棵从其他地方移过来，现已全部枯死，水泥钢筋加固。村中护村壕部分被填埋，青龙桥改为钢筋混凝土结构，村东北芦苇塘变为自然坑。据调查，保护区内现在的礼堂位置在抗战时期为一座北大寺（即青龙寺），三间房高8米，建有钟楼，内有四大天王塑像。抗日战争时期的报警铁钟就是北大寺内的铁钟。青龙寺经毁坏改建为冉庄礼堂后，现冉庄礼堂已经拆除；其他几座小庙保存基本完整。

冉庄村原有140个作战工事中抗战时期高房工事7个，开放4个；暗室8个，开放1处；地堡114个，开放4个；小庙工事6个，现存5个；碾子工事2个，现存1各；另有烧饼炉工事、柜台工事、石头堡工事各1个。原有30个作战地道口，开放4处。地下作战设施计掩体、隐蔽室、地道口、厕所、卡口、地下食堂、抢救室、兵工厂、储藏室、指挥部、翻

| 1 | 2 |
|---|---|
| 3 | 4 |
| 5 | 6 |

图5-3-1　高防工事

图5-3-2　遗址名牌

图5-3-3　碾子工事遗址

图5-3-4　街道工事遗址

图5-3-5　地平堡工事遗址

图5-3-6　民居内地道口

板、陷阱等23种256处，现开放15处。抗战时期长达16公里的地道网现今由于种种原因大多都已不存在了，目前冉庄村内所保留的地道是由政府加固修复的，20世纪60年代以来，地道部分累计加固修复约3000米，仅1200米开放。

冉庄地道战纪念馆1959年建馆，1963年建展厅，于1991年和1997年重新布展，现有图片、展品共300多幅（件），2处模拟景观，1处地道切面模型，1处冉庄全景沙盘。

因原纪念馆比较陈旧，在九龙河以南新建1座冉庄地道战纪念展览馆，2010年9月投入使用（表5-3-1）。

**冉庄村概况一览表** **表5-3-1**

<table>
<tr><td>1. 现存传统建筑和古迹最早修建年代</td><td>年代</td><td>清末</td><td>建筑或古迹名称</td><td colspan="6">关帝庙</td></tr>
<tr><td rowspan="4">2. 拥有文保单位的最高等级和数量</td><td rowspan="4">最高级别</td><td rowspan="4">全国重点文物保护单位</td><td>级别</td><td>数量（处）</td><td colspan="5">名称、公布时间</td></tr>
<tr><td>全国文保：</td><td>1</td><td colspan="5">冉庄地道战遗址1961年3月4日</td></tr>
<tr><td>省级文保：</td><td></td><td colspan="5"></td></tr>
<tr><td>市县级文保</td><td></td><td colspan="5"></td></tr>
<tr><td rowspan="2">3. 重大历史事件发生地或名人生活居住地原有建筑保存状况的类别规模</td><td>名称</td><td colspan="2">冉庄地道战遗址<br>类别</td><td>一类</td><td>占地面积（m²）</td><td>465400</td><td>建筑面积（m²）</td><td colspan="2">39400</td></tr>
<tr><td colspan="9">保存状况级别的注释：<br>一类：原有历史传统建筑群、建筑物及其建筑细部乃至周边环境基本上原貌保存完好。<br>二类：原有建筑群及其周边环境虽部分倒塌破坏，但“骨架”尚存，部分建筑细部亦保存完好，依据保存实物的结构、构造和样式可以整体修复原貌。<br>三类：因年代久远，原建筑物（群）及周边环境虽倒塌破坏，但以按原貌整修恢复</td></tr>
<tr><td rowspan="3">4. 历史事件等级名称或名人等级、内容</td><td colspan="2">历史事件内容</td><td colspan="3">冉庄地道战士冀中平原利用地道抗日的光辉典范，被誉为人民战争的伟大创举</td><td colspan="2">历史事件类别</td><td colspan="2">一类</td></tr>
<tr><td colspan="2">名人姓名、经历</td><td colspan="3">抗日战争时期冀中平原军区司令员吕正操曾经在冉庄作战</td><td colspan="2">名人类别</td><td colspan="2"></td></tr>
<tr><td colspan="9">类别注释：<br>一类：在一定历史时期内对推动全国社会经济、文化发展起过重要作用。<br>二类：在一定时期内对推动区域（省欲或相当范围内）社会经济、文化发展起重要作用。<br>三类：在一定时期内对推动本地（市、县范围）社会经济、文化发展起重要作用</td></tr>
<tr><td>5. 现存历史传统建筑面积</td><td colspan="9">39400（m²）</td></tr>
<tr><td rowspan="5">6. 拥有集中反映地方建筑特色的宅院府第、祠堂、驿站、书院的数目名称面积（宅院府第建筑面积不小于500平方米）</td><td colspan="5">总数量（处）</td><td colspan="4">保存状况等级按照第3项划定</td></tr>
<tr><td colspan="2">名称、年代</td><td>建筑面积（m²）</td><td>保存状况</td><td colspan="2">名称、年代</td><td colspan="2">建筑面积（m²）</td><td>保存状况</td></tr>
<tr><td colspan="2">李连瑞院、20世纪20年代</td><td>400</td><td>一类</td><td colspan="2">王彦军院、20世纪20年代</td><td colspan="2">120</td><td></td></tr>
<tr><td colspan="2">王继东院、20世纪20年代</td><td>300</td><td></td><td colspan="2">李贵鹏院20世纪20年代</td><td colspan="2">100</td><td></td></tr>
<tr><td colspan="2">李恒奎院20世纪20年代</td><td>70</td><td></td><td colspan="2">李恒太院20世纪20年代</td><td colspan="2">65</td><td></td></tr>
</table>

| 7. 传统建筑建造工艺水平情况 | 水平描述：建造工艺，细部装饰一般 | 注：指建造工艺独特、细部装饰的精美程度：分精美、一般二类 |
|---|---|---|

| 8. 拥有体现村镇特色典型特征古迹（指城墙、地道牌坊、古塔、园林、古桥、古井、300年以上的古树等） | 总数量（处）：105处 | 保存状况等级按照第3项规划 | | |
|---|---|---|---|---|
| | 名称、年代、主要特色 | 保存状况 | 名称、年代、主要特色 | 保存状况 |
| | 地道20世纪30~40年代，户户相通防水防毒 | 一类 | 古槐400年和古钟构成地道战标志 | 一类 |
| | 地下作战工程包括地下食堂、抢救室、指挥部、休息室、连环洞、掩体、出口、水井、排水口等86处 | 一类 | 高房工事7处<br>暗堡5处<br>庙宇5处 | 一类 |

| 9. 拥有保存较为完整的、景观连续的历史街巷数量、长度 | 总条数（处）：4条 | | 注：长度小于80米的街巷不计 | |
|---|---|---|---|---|
| | 名称 | 长度（米） | 名称 | 长度（米） |
| | 十字街—东西街 | 589 | 十字街—南北街 | 469 |
| | 旧村小巷（2条）穷家街 | 130 | 二区街 | 90 |
| | 街巷之间相交情况（要注明相交街道名称） | | | |

| 10. 核心保护范围面积保存情况 | 核心保护范围面积规模（公顷） | 19.93 | 保存状况：（等级按第3项规划） | 一类 |
|---|---|---|---|---|

| 11. 聚落与自然环境和潜水平 | 聚落自然环境和谐状况：分三类，优美完整；较好；一般（有一定破坏） | 优美完整 |
|---|---|---|

| 12. 空间格局及功能特色 | 空间格局完整情况（指十分完整或较为完整） | 十分完整 |
|---|---|---|
| | 有何明显特殊功能（指消防、给排水、防盗、防御等） | 注：需注明历史记载的出处及原文 |
| | 放映何种规划布局特色理论（指八卦、五行、风水、象形等） | 注：需注明历史记载的出处及原文 |

| 13. 核心保护范围现存历史建筑规模及比例情况 | 现存历史建筑面积（平方米） | 16200 | 核心保护范围全部建筑面积（平方米） | 17760 | 保存历史建筑占全部建筑面积比例（%） | 60% |
|---|---|---|---|---|---|---|
| | 现存历史建筑占地面积（平方米） | 179370 | 核心保护范围全部建筑占地建筑（平方米） | 199300 | 现存历史建筑占地面积占全部建筑面积比例（%） | 65% |

| 14. 核心保护范围原住居民人口规模及比例情况 | 原住居民人口规模（人） | 1184 | 全部常住居民人口规模（人） | 1184 | 原住居民占全部常住人口比例（%） | 76% |
|---|---|---|---|---|---|---|
| | 注解：原住居民即指家庭三代及以上在此居住的居民 | | | | | |

| 15. 拥有地方特色的传统节日、传统手工艺和传统风速类型数量 | 总数量（种）： | 名称 |
|---|---|---|
| | | 手工制作红薯粉条 |
| | | |

<table>
<tr><td rowspan="3">16. 源于本地、并广为流传的诗句、传说、戏剧、歌赋</td><td>名称</td><td>流传的地域</td><td>名称</td><td>流传的地域</td></tr>
<tr><td>戏曲哈哈腔</td><td>河北省山东省</td><td>传说七品芝麻官—唐成</td><td>全国</td></tr>
<tr><td>电影《地道战》</td><td>全国</td><td></td><td></td></tr>
<tr><td>17. 保护规划编制情况</td><td>是否已编制保护规划（需注明编制单位、时间）</td><td>河北省古代建筑保护研究所2005年8月10日</td><td>保护规划是否已批准（需注明批准时间，单位）</td><td>2005年8月16日 国家文物局</td></tr>
<tr><td>18. 保护规划实施情况</td><td>是否已按保护规划措施</td><td>是</td><td>是否造成新的破坏（需注明破坏程度：一定或严重破坏）</td><td>否</td></tr>
<tr><td rowspan="2">19. 对历史建筑、文物古迹进行登记建档并实行挂牌保护情况及比例</td><td>是否已造册登记</td><td>是</td><td>是否已挂牌保护</td><td>是</td><td>挂牌保护的比例（%）</td><td>100%</td></tr>
<tr><td colspan="5">挂牌上是否标注简要信息（简要信息包括建筑古迹名称、位置名称、营造年代、建筑材料、修复情况、产权归属、保护责任等情况）</td><td>是</td></tr>
<tr><td>20. 对保护修复建设公示栏情况</td><td>是否已建立规划建设公示栏</td><td>是</td></tr>
<tr><td>21. 对居民和游客进行具有警惕意义保护标志的情况</td><td>是否已制定保护管理办法（需注明出台年限）</td><td>是</td></tr>
<tr><td>22. 保护管理办法的制定</td><td>是否已制定保护管理办法（需注明出台年限）</td><td>已制定1987年2月24日</td><td>是否已出台保护管理办法（需注明名称）</td><td>已出台清苑县地道战遗址文物保护单位管理委员会关于加强冉庄地道战遗址保护的公告</td></tr>
<tr><td>23. 保护专门机构及人员</td><td>是否已制定保护管理办法（需注明出台年限）</td><td>已成立地道战纪念馆</td><td>保护管理人员数量</td><td>50</td><td>是否已建立政府牵头，多部门参与的保护参与的保护协调机构（需注明名称）</td><td>已建立清苑县地道战遗址保护管理委员会</td></tr>
</table>

### 5.3.6 现状建筑分类评价

#### 5.3.6.1 建筑年代评价

冉庄村保护范围内共有房屋693户，3284间，老式房屋尚存60%以上。20世纪30年代及其以前建造的计有115户（其中原文物编号有99户），十字街保护范围内68户已经收归国有。20世纪40年代建筑155户；50~70年代修建的传统式样建筑282户，1297间；80年代至今建造142户，其中80年代仍以青灰色调为主；90年代以来建筑69户，红砖表面或水泥抹面居多，部分门脸贴了不同颜色的瓷砖。

#### 5.3.6.2 建筑质量评价

建筑质量评价，是对建筑主体和局部结构质量状况，以及是否存在安全隐患的评价，以确定针对性保护措施。规划根据冉庄村建筑的主题和局部及质量状况，以单体建筑进行分类统计，按建筑质量优劣等级分为三个等级。

建筑质量好：共计1625间，其建筑主体结构完好、稳固，墙体、窗户、屋顶完好无损，不存在建筑结构内外质量问题，基础设施配套基本齐全。

建筑质量一般：共计1533间，其建筑主体结构质量尚可，但建筑局部结构质量存在一定问题，屋顶、墙体、门窗部分有所破损，缺乏日常维护的建筑，基础设施配套基本齐全。

建筑质量差：共计126间，其建筑主体结构尚存，但已严重破坏，维护使用很差，基础设施配套不齐全。

#### 5.3.6.3 建筑高度分类

冉庄核心保护区范围内建筑大部分为单层，部分建有二层，无三层及以上建筑。

#### 5.3.6.4 建筑风貌评价

建筑风貌是对建筑是否拥有反映村落历史文化特征的外观面貌及其保存状况的评价，以确定规划是否需要对建筑外观进行改造或整治更新。冉庄村的建筑风貌可分为四类，即历史建筑、传统风貌建筑、与传统风貌相协调的建筑、与传统风貌不相协调的建筑。

各级文物保护单位、不可移动文物：即各级政府公布并登记的文物建筑，冉庄村的历史建筑即经过清苑县批准挂牌保护的99处建筑。

历史建筑：即建筑保存反映村落历史文化特征的外观面貌完整或修复性保护良好，建筑细部及构建装饰精美的建筑。冉庄村的历史建筑是在保护区内270户，除去99处挂牌保护的建筑。

传统风貌建筑：即建筑保存反映村落历史文化特征的外观面貌基本完整或修复保护一般，局部存有破损，但细部构件装饰仍保留历史文化机理的建筑。冉庄村的传统风貌建筑主要是1949年以前建设243户普通民居，其建设并保存完好的能够反映冉庄村历史风格的建筑。

与传统风格相协调的建筑：即与传统无冲突的新建建筑，冉庄村与传统风貌相协调的建筑主要是1949年以后建设并在外观上与传统风格相协调的建筑。

与传统风格不协调的建筑：即外观面貌已经严重残损的老建筑（历史风貌特征无处可寻）和历史风貌特征冲突较大的新建筑（在建筑高度、色彩、材料、风格、体量上与历史风貌不相协调）。

第一类：国家、省（自治区、直辖市）、市县（区）级文物保护单位以及登记不可移动文物。

第二类：历史建筑（包括政府公布保护的城市优秀近现代建筑、保护民居、优秀民居等）。

第三类：传统风貌建筑。

第四类：与传统风格相协调的建筑。

第五类：与传统风格不协调的建筑。

### 5.3.7 特色与价值评价

#### 5.3.7.1 特色分析

1. 文化特色

冉庄历史悠久，自公元350年冉闵杀石鉴称帝建魏国，史称冉魏，以后冉氏一直活跃在华北地区，至唐宋时期呈现一派繁荣景象，有唐村宋镇之说。

冉庄极具特色近代抗战文化，第二次世界大战时期为了抵抗日本侵略者的侵略，冉庄人民在保卫家园、抗击入侵过程中逐渐形成了户户相通，村村相连，上下呼应，能进能退的地道网。

2. 选址特色

冉庄村南面有清水（九龙）河流过，上有九龙桥与南大街联系，其余各面设有护村壕，村落周边农田环抱，选址体现了冀中地区传统农耕村落的特点。

3. 格局特色

冉庄为华北平原中部典型的传统村落，现仍保留着20世纪三四十年代冀中平原风貌。村落形成以南北街和东西街所形成的十字街为主要空间布局形式，传统院落聚集在十字街两侧的街巷内，整个冉庄形成了具有几种风格的北方传统村庄空间布局。

4. 街巷特色

冉庄村以南北街和东西街所形成的十字街为主要街道，其余街巷与十字街相连，十字街两侧的街巷体现了冉庄历史生产生活融合的生活方式。

5. 建筑特色

房屋多数是20世纪三四十年代建的，南北大街中段两侧为商业店铺类建筑，尚维持原貌。按住户形成院落。另有一部分是20世纪六七十年代的建筑。传统民居基本为一层平顶式砖木结构建筑，多为青砖平房，少数为土坯房，以户为组成单元，独门独院。建筑在材料上多因地而取，或直呈材质原本或加工精制，而无奢华之感，体现出冉庄人特有的崇尚自然、率性所至的天真情性。

冉庄民居多以青砖为墙，为冉庄传统建筑的一大特色。不尚奢华，而着意在重点部位强调建筑的艺术性，也是冉庄传统建筑普遍采用的手法，如：冉庄地区的民居限于结构外观平直，少变化，所以常在檐下和门窗四周加以砖雕以加强轮廓和突出重点。在内外檐的重点部位——梁枋、楣罩、柱头、撑栱、琴枋、马腿、门窗格扇、天花等处进行精细的外形修饰、雕刻在装修艺术处理中，充分体现了劳动人民惜功俭料、重点突出的创作设计思想。如外檐装修中选择了檐廊部分作为艺术处理重点。因为檐下视距近、光线好，檐廊是日常生活操作的地方，又是内外交通必经之道，这样就可以突出艺术效果。在内檐处理中，因为门窗棂格处于水平视线以内，便于观赏，并且为室内采光孔道，富于光影变化，故着重予以修饰。总之，在艺术加工中，由于运用部位适宜，雕琢繁简得体，与周围简素的墙壁、板壁、天花、屋面组成了统一协调的整体，形成了气氛宁静轻巧的居住空间。

6. 历史环境元素

冉庄村拥有地道战遗址、庙堂、古井、古树等多处历史环境要素，是原住民生活记忆传承的重要载体。

7. 非物质文化遗产

冉庄村非物质文化遗存有哈哈腔、老母庙庙会、地道战文化。

#### 5.3.7.2 价值评价

冉庄地道战遗址是第二次世界大战中，中国人民抗击日本侵略者的一处重要战争遗址，冉庄地道战遗址的保护方面具有重要价值。

（1）冉庄地道战遗址是第二次世界大战期间冀中平原抗日战争的光辉典范和浓缩，它是目前世界上仅存的保存完好的第二次世界大战时期既能攻又能守的防御体系。冀中人民为抗击日本法西斯侵略写下了不可磨灭的历史篇章，是中华民族抗击侵略的重要历史见证，是第二次世界大战的重要实例。

冉庄地道战遗址真实地记录了抗日战争期间，中国共产党领导冀中军民，发挥出极大的聪明才智，采用灵活机动的战术——地道战抗击日本侵略者，从被动防御到主动进攻，直至取得最后胜利的战斗历程，冉庄地道战遗址是冀中人民集体智慧的结晶。

（2）冉庄地道战遗址现仍基本保留着20世纪三四十年代冀中平原村落的格局、环境风貌，是融爱国主义教育、国防教育和游览观光于一体的特殊参观地。冉庄地道战遗址作为第一批全国重点文物保护单位，为后人留下的一处永恒的、宝贵的历史财富。因此，妥善保护并完整展现这一重要历史遗存，具有重大现实意义和深远的历史意义。

（3）冉庄地道战遗址蕴涵着丰富的历史信息，是中国抗日战争时期重要的历史遗产。加强对冉庄地道战的保护、管理、调查、研究；发掘其精神内涵，对弘扬民族精神有着极为重要的作用。

冉庄村整体现状风貌见图5-3-7～图5-3-112。

①村入口（图5-3-7~图5-3-9）

九龙桥为冉庄村南侧的主入口，是主入口景观标志。九龙桥北侧有三官庙，是供奉尧、舜、禹的庙宇，抗战时期作为作战工事，形成一道阻击敌人的屏障。

7 | 8
9

图5-3-7　**九龙桥村入口**

图5-3-8　**三官庙**

图5-3-9　**村入口**

②村公所（图5-3-10~图5-3-15）

村公所，始建于民国年间。1938年冉庄建立党组织和抗日政权，改称为冉庄抗日村公所。

| | |
|---|---|
| 10 | 11 |
| | 12 |
| 13 | 14 |
| 15 | |

图5-3-10　村公所大门

图5-3-11　村公所门匾

图5-3-12　村公所房舍

图5-3-13　村公所内院

图5-3-14　村公所室内

图5-3-15　村公所房屋外观

③大槐树（图5-3-16、图5-3-17）

十字街处有古槐两株，树上悬报警铁钟一口，是冉庄地道战标志性文物。

16
17

图5-3-16　**十字街口看大槐树**

图5-3-17　**大槐树东侧**

④关帝庙（图5-3-18~图5-3-23）

关帝庙始建年代不详，1987年、2006年国家拨款重新修建。庙宇为仿古式起脊瓦顶建筑，青灰色调，砖木结构，建筑面积82.56平方米，高4~5米，占地面积274.12平方米。

图5-3-18 **关帝庙山门**

图5-3-19 **关帝庙正殿**

图5-3-20 **关帝庙院落**

⑤吕正操旧址（图5-3-24~图5-3-26）

1938年秋，冀中军区司令员吕正操来到冉庄，在这里谈判收编清苑县西片联庄会，把“不抗日、不降日、打土匪、保家乡”的地方武装改编成共产党领导下的抗日力量。

图5-3-21 关帝庙正殿内屋架

图5-3-22 关帝庙窗扇

图5-3-23 关帝庙门墩

图5-3-24 吕正操旧址1

图5-3-25 吕正操旧址2

图5-3-26 关帝庙室内

⑥双庙指挥部（图5-3-27～图5-3-30）

| 27 | |
| --- | --- |
| | 28 |
| 29 | 30 |

图5-3-27　双庙指挥部入口

图5-3-28　双庙指挥部

图5-3-29　双庙指挥部外观

图5-3-30　双庙指挥部室内

⑦王霞故居（图5-3-31～图5-3-46）

| 31 | 33 | 35 |
|---|---|---|
| 32 | 34 | 36 |

图5-3-31　**王霞故居临街入口**

图5-3-32　**王霞故居内院**

图5-3-33　**王霞故居室内**

图5-3-34　**王霞故居室内**

图5-3-35　**王霞故居窗扇**

图5-3-36　**王霞故居门**

忠義傳家

| 37 | 38 |
| --- | --- |
| 39 | 40 |

| 41 | 42 |
| --- | --- |
| 43 | 44 |
| 45 | 46 |

图5-3-37　**王霞故居壁龛**

图5-3-38　**王霞故居外墙细节**

图5-3-39　**王霞故居炕**

图5-3-40　**王霞故居室内**

图5-3-41　**王霞故居灶台**

图5-3-42　**王霞故居院落一角**

图5-3-43　**王霞故居碾子**

图5-3-44　**王霞故居锅台地道口**

图5-3-45　**王霞故居院落**

图5-3-46　**王霞故居门拱券**

锅台地道口

⑧冉庄纪念馆（图5-3-47～图5-3-53）

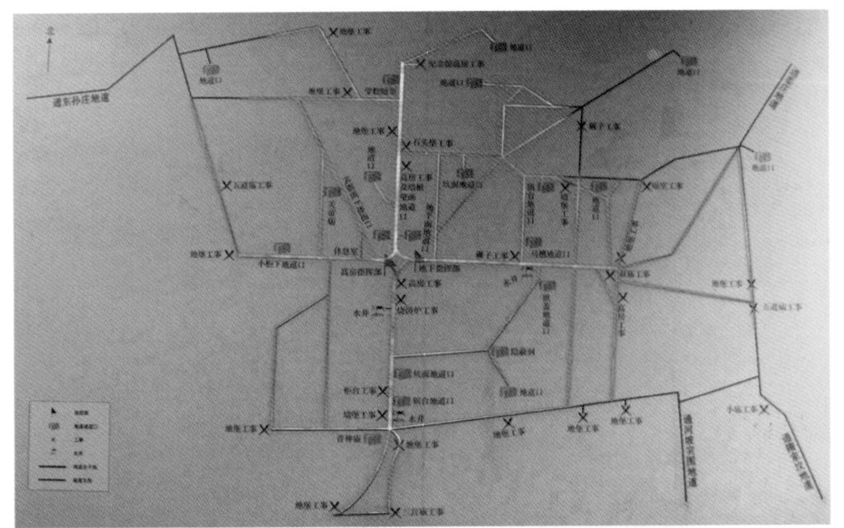

| 47 | 48 |
| --- | --- |
| 49 | 51 |
| 50 | |

图5-3-47　**地道分布示意**

图5-3-48　**地道战示意图**

图5-3-49　**碾子工事模型**

图5-3-50　**民居室内模型**

图5-3-51　**冉庄纪念馆外观**

冀中冉庄地道战展厅内珍藏着大批革命文物，利用声、光、电等现代化展示手段再现了当年情景。

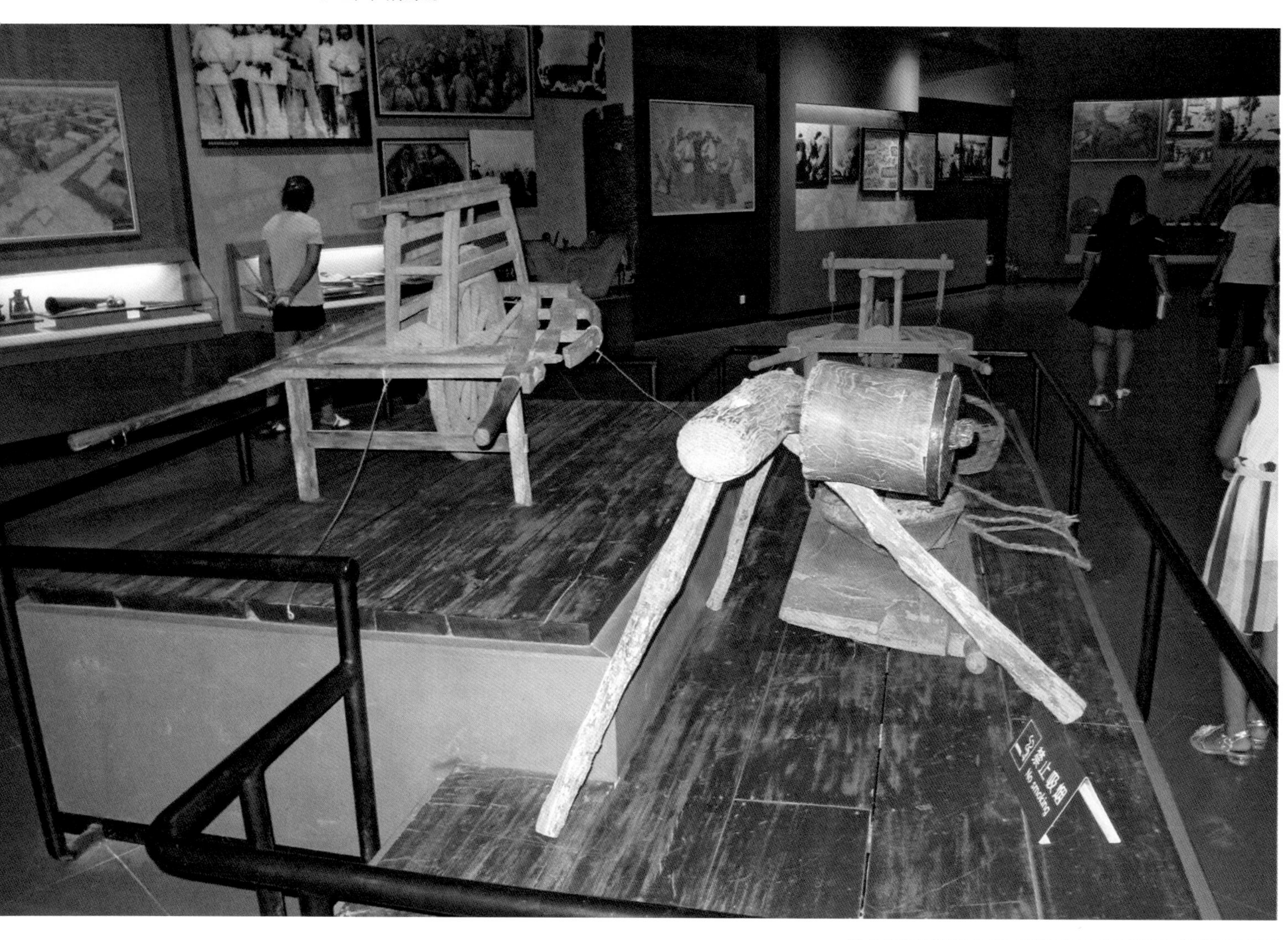

52 | 53

图5-3-52　展品

图5-3-53　地道战工事模型

⑨冉庄街景（图5-3-54～图5-3-68）

| 54 | |
|---|---|
| 55 | 56 |

图5-3-54　**冉庄街景1**

图5-3-55　**冉庄街景2**

图5-3-56　**冉庄街景3**

百創輝煌

| 57 | 58 | 59 | 60 |
|---|---|---|---|
| 61 | 62 | 63 | 64 |
| 65 | 66 | 67 | 68 |

图5-3-57　**冉庄街景4**

图5-3-58　**冉庄街景5**

图5-3-59　**冉庄街景6**

图5-3-60　**冉庄街景7**

图5-3-61　**冉庄街景8**

图5-3-62　**冉庄街景9**

图5-3-63　**冉庄街景10**

图5-3-64　**冉庄街景11**

图5-3-65 **冉庄街景12**

图5-3-66 **冉庄街景13**

图5-3-67 **冉庄街景14**

图5-3-68 **冉庄街景15**

### ⑩院落及细部

**院落1**（图5-3-69~图5-3-76）

| 69 | |
| --- | --- |
| 70 | 71 |

图5-3-69　**院落外景**

图5-3-70　**院落新建的入口**

图5-3-71　**正房**

| 72 | 73 |
|---|---|
| 74 | 76 |
| 75 | |

图5-3-72　院落1一角

图5-3-73　1外窗

图5-3-74　1屋面檐口

图5-3-75　1正房入口

图5-3-76　1-8排水构件

院落2（图5-3-77～图5-3-88）

| 77 | 78 |
|---|---|
| 79 | 80 |

| 81 | 82 |
|---|---|
| 83 | 84 |

图5-3-77　**院落大门**

图5-3-78　**院落厢房**

图5-3-79　**内院**

图5-3-80　**正房**

图5-3-81　**门扇**

图5-3-82　**窗扇**

图5-3-83　**水井口**

图5-3-84　**屋檐细部**

院落3（图5-3-89~图5-3-98）

| 85 | 86 |
|---|---|
| 87 | 88 |

| 89 | 90 |
|---|---|
| 91 | 92 |

图5-3-85 **檐口细节**

图5-3-86 **通道**

图5-3-87 **室内顶棚**

图5-3-88 **内院**

图5-3-89 **院落街景**

图5-3-90 **院落外墙**

图5-3-91 **院落外景**

图5-3-92 **大门檐口**

福
福
賀佳節四

| 93 | 94 | 95 | 96 |
|---|---|---|---|
| 97 | | 98 | |

图5-3-93　**院门**

图5-3-94　**院落**

图5-3-95　**院落**

图5-3-96　**门拱**

图5-3-97　**院墙**

图5-3-98　**院墙**

院落4（图5-3-99～图5-3-106）

第74号旧址，建于20世纪40年代，为青砖打斗前出檐平房，高3.1米，院落占地面积约185平方米，建筑面积约94平方米。

<table>
<tr><td>99</td><td>100</td><td>101</td><td colspan="2">102</td></tr>
<tr><td colspan="2" rowspan="2">104</td><td>103</td><td>105</td><td>106</td></tr>
<tr><td></td><td></td><td></td></tr>
</table>

图5-3-99　院落大门

图5-3-100　入口影壁

图5-3-101　院落

图5-3-102　院落一角

图5-3-103　室内陈设

图5-3-104　院落一角

图5-3-105　入口通道

图5-3-106　车轮

院落5（图5-3-107、图5-3-108）

第72号旧址，建于20世纪40年代，北房为青砖打斗前出檐平房，高3.2米，院落占地面积约112平方米，建筑面积约68平方米。

图5-3-107　院落大门

图5-3-108　北房

| 109 | 110 |
| --- | --- |
| 111 | 112 |

图5-3-109 **宅院大门**

图5-3-110 **入口通道**

图5-3-111 **影壁**

图5-3-112 **院落**

## 院落6（图5-3-109~图5-3-112）

王家大院为第73号旧址，建于20世纪40年代，北房为青砖打斗前出山平房，高2.8米，院落占地面积约120平方米，建筑面积约68平方米。院内有高传宝的锅台突围旧址。

院落7（图5-3-113~图5-3-118）

该院为清苑县抗日武装委员会旧址，抗战时期，清苑县抗日委员会曾在此办公。

该民居建于20世纪30年代，为青砖打斗四角齐平房，砖木结构。院落占地面积约160平方米，建筑面积约105平方米。2006年由国家拨款重新修建。

<table>
<tr><td rowspan="3">113</td><td colspan="2">114</td></tr>
<tr><td>115</td><td>116</td></tr>
<tr><td>117</td><td>118</td></tr>
</table>

图5-3-113　院落大门

图5-3-114　内院

图5-3-115　民居外观

图5-3-116　马槽地道口

图5-3-117　民居局部

图5-3-118　内院一角

## 其他院落（图5-3-119~图5-3-146）

| 119 | 120 | 121 | 122 |
|---|---|---|---|
| 123 | 124 | 125 | 126 |

图5-3-119 **传统院落1**
图5-3-120 **传统院落2**
图5-3-121 **传统院落3**
图5-3-122 **传统院落4**
图5-3-123 **传统院落5**
图5-3-124 **传统院落6**
图5-3-125 **传统院落7**
图5-3-126 **传统院落8**

院落细部（图5-3-127～图5-3-146）

| 127 | 128 | 129 | 130 |
|---|---|---|---|
| 131 | 132 | 133 | 134 |

图5-3-127　**屋顶装饰1**

图5-3-128　**屋顶装饰2**

图5-3-129　**屋脊装饰1**

图5-3-130　**屋脊装饰2**

图5-3-131　**门头装饰**

图5-3-132　**屋面烟囱**

图5-3-133　**外墙窗扇**

图5-3-134　**装饰挑檐**

戰！

| 135 | 136 |
|---|---|
| 137 | 138 |
| 139 | 140 |

| 141 | 142 | 143 |
|---|---|---|
| 144 | | 146 |
| 145 | | |

图5-3-135　墙基

图5-3-136　民居外门

图5-3-137　外墙

图5-3-138　民居入口檐口

图5-3-139　民居入口大门

图5-3-140　古民居入口大门

图5-3-141　壁龛1

图5-3-142　壁龛2

图5-3-143　墙基

图5-3-144　屋面排水

图5-3-145　屋檐

图5-3-146　仿古壁灯

现代院落及街巷（图5-3-147～图5-3-157）

| 147 | 148 | 149 | 150 |
| --- | --- | --- | --- |
| 151 | 152 | 153 | 154 |

图5-3-147　**村中道路**
图5-3-148　**村中小广场**
图5-3-149　**现代商铺1**
图5-3-150　**现代商铺2**
图5-3-151　**现代民居大门1**
图5-3-152　**现代民居大门2**
图5-3-153　**现代民居大门3**
图5-3-154　**现代民居大门4**

155 | 157
156 |

图5-3-155　**现代民居大门5**

图5-3-156　**现代民居院墙**

图5-3-157　**现代民居大门6**

## （11）传统建造技术（图5-3-158～图5-3-161）

| 158 | 159 |
| --- | --- |
| 160 | 161 |

图5-3-158　土坯墙

图5-3-159　砌筑的空斗墙

图5-3-160　空斗墙断面

图5-3-161　土坯墙的砌筑排布

（12）建筑材料（图5-3-162～图5-3-165）

| 162 | 163 |
| --- | --- |
| 164 | 165 |

图5-3-162　墙基

图5-3-163　土坯墙

图5-3-164　墙基

图5-3-165　墙基

## 5.4 冉庄村传统村落演化历程

2012年，住房和城乡建设部、文化部、财政部三部门联合公布了第一批中国传统村落名单，共有646个村落列入中国传统村落名录，其中就有冉庄村。早在2007年5月31，冉庄村荣获由建设部和国家文物局共同组织评选的第三批中国历史文化名村。

冉庄村是著名的地道战遗址。在抗日战争和解放战争时期，冉庄人民开展地道战，神出鬼没地打击敌人，致使敌人“宁绕黑风口（张登），不从冉庄走”。由于冉庄人民开展地道战功绩卓著，曾荣获“抗日模范村”的光荣称号。现在的冉庄地道战遗址，就是冉庄人民光辉斗争业绩的历史见证，也是冀中人民在极端残酷的战争环境里，为争取抗日战争的胜利做出重大贡献的一个典型实例。

冉庄地道以十字街为中心，有东西南北主要干线4条，长4.5里，南北支线13条，东西支线11条。还有西通东孙庄，东北通姜庄的联村地道；有向东南通隋家坟和河坡的村外地道。全长约15公里，形成了村村相通，四通八达，能进能退，能攻能守的地道网。所有这些工事都和地道相通，既能瞭望，又能射击。这样，地道和地面相配合，各种火力相交叉，构成了密集的火力网，充分发挥地道的威力，痛歼来犯之敌。

地道战是冀中平原抗日斗争的光辉典范和缩影。冉庄现仍保留着20世纪三四十年代冀中平原村落的环境风貌。旧址保护区面积为14万平方米，重点保护区为22600平方米。保留着当年构筑的多路地道及各种作战工事。1959年8月，建冉庄地道战纪念馆；1961年3月4日，冉庄地道战遗址被国家定为全国首批重点文物保护单位。聂荣臻元帅题写馆名，杨成武将军为展厅题写牌匾。1994年8月，被列为河北省爱国主义教育基地；1995年1月26日，被共青团中央确定为全国青少年教育基地，江泽民同志为基地题写牌匾；1997年6月，被中宣部列为全国爱国主义教育示范基地。许多影视片如《地道战》、《烈火金刚》、《战后武工队》、《平原游击队》等都曾在此拍摄。

冉庄地道战遗址距北京180公里；距天津190公里；距石家庄16公里；西北距满城汉墓40公里；东北距华北明珠白洋淀50公里，是融爱国主义教育，国防教育和旅游于一体的、独具特色的理想参观地，也是为后人留下的一处永恒的、宝贵的历史财富。

冉庄地道战遗址是全国重点文物保护单位、全国爱国主义教育示范基地、全国青少年教育基地、河北省爱国主义教育基地。

冉庄地道战纪念馆1959年建馆并对游人开放。现为全国首批重点文物保护单位、全国首批百家爱国主义教育示范基地之一、全国青少年教育基地、河北省爱国主义教育基地、河北省国防教育基地。2005年被列为全国首批百家红色旅游经典景区之一。

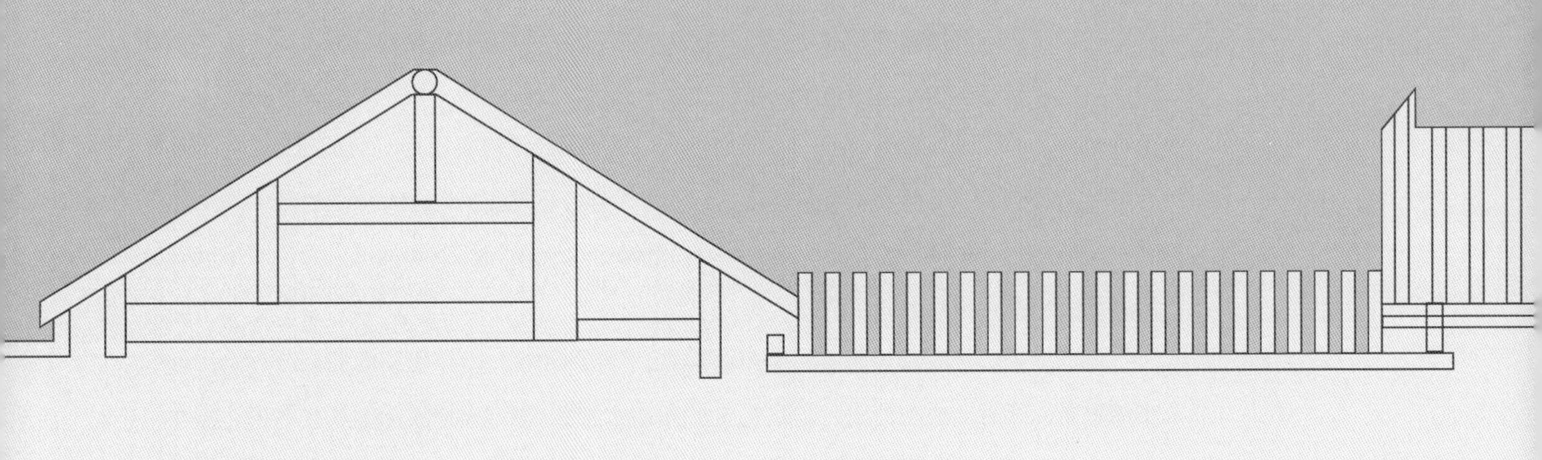

06

# 第6章 冉庄村传统村落规划改造和民居功能综合提升实施方案

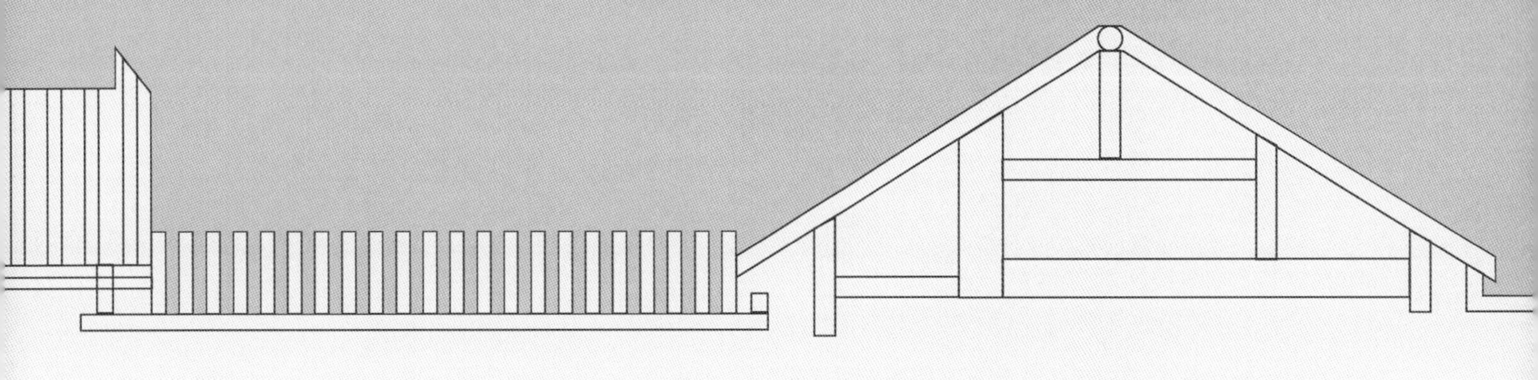

随着现代社会的快速发展，城市化进程的加速，中国出现了土地供需紧张的现象，不少乡村开始盲目地拆除具有传统特色的老宅，造成特色景观开始进入衰退时期，一些具有地域特色的院落出现了缺失。地域特色是不同地区具有独特性的文化产物，是不可再生的非物质文化遗产。为了保留这一宝贵文化财产，使地域特色适应当代社会发展，我们需要对传统院落特色进行保护性设计，尊重传统文化和地方特色，保持地方自然和人文的原有院落特色，使地域特色得以延续和发展。

不同地域的传统院落，是一个社会文化的具体体现，同时也是世界地域文化多样性的体现，具有多方面价值。传统院落地域特色的保护具有重要的历史和文化价值，是事关人类自身生存环境的保护问题。面对新农村建设的深入实施，在这样一个充满机遇的时代，如何处理好传统与时代、保护和提升，这些关系到历史与发展的现实问题，是值得关注和思考的。不同民族和地域的传统院落式地方文化的物质表现形式和人民智慧的结晶，在科学技术与经济快速发展的今天，更凸显出其对人类的珍贵。传统院落的地域特色是体现人与自然环境和谐相处的典型实例，是值得现代人去珍惜、学习和借鉴的。所以，在提倡生态保护的同时，提倡传统院落的特色多样性的保护，全面系统地掌握与发掘地方民族文化遗产资源，探索院落空间的特色精华、地域性特征，文化传承基因以及历史发展演变，这对保护和合理利用现存的传统院落文化资源，充分发挥传统院落的特色及其文化遗产的作用，促进社会的可持续发展，具有十分重要的现实和理论意义。保护传统院落地域特色的最终目的，就是要保留传统院落各个时期的文化信息，这是保护好各种信息的承载体。保护好民族特色文化遗产资源是一个民族得以创新和发展的基础，对各种传统院落地域特色的保护，实际就是保护和保存一种民族的独有文化基因，使其得以传承和持续发展。

为了更好体现和传承冉庄村历史文化特色，对冉庄村进行规划改造是建立在对冉庄村历史文化与自然遗产资源进行调查评估的基础上，确定冉庄村的保护内容。保护内容主要包括两个方面：

物质文化遗产：传统格局和历史风貌、历史街巷（河道）、历史建筑、地道战遗址、历史环境要素、能够代表一定历史阶段的重要的建筑场所等。

非物质文化遗产：传统工艺、民俗风情、名人轶事、民间戏曲等。

目前冉庄村存在的问题：

（1）管理措施不到位，整体保护意识不足，居民文物保护意识较弱、存在居民违章乱建现象，与历史环境不协调的建设项目已仍有出现。影响遗址历史环境完整性。

（2）保护范围内，部分民居无人居住，年久失修，濒临坍塌。新建民居数量有不断增加趋势，人口增加的压力不断扩大，民居风格与原有风貌需要进一步协调。

（3）一些地面工事和历史遗迹的自然损坏问题未得到有效控制。一部分尚未维修的地道保存状况不详，保护范围内地道错综复杂，很多地方尚未进行必要的勘察、试掘，以便建立完整、科学记录档案。

（4）基础设施条件尚不完善，部分管线露明，垃圾存放处理场所管理不到位，缺少停车场。

（5）地道维修内容部分失真。部分地道修复采用水泥修筑，地道表面裸露水泥面层。

## 6.1 传统民居结构与功能综合提升实施方案

现状调研建筑结构划分为四种类型，木结构、砖结构、土坯结构和钢筋混凝土结构，主要是依据建筑承重体系的材质所决定。木结构建筑比例最低，主要为传统历史建筑，大部分需要修缮。土坯结构是冉庄本地因地取材的一个重要结构形式，主要以夯土土坯墙承重，外表质朴，风貌传统具有特色，但长期的雨水冲刷易导致其老化侵蚀，结构受损。砖结构包括一部分历史建筑和现代的民居，也是利用冉庄地区常见的清水砖作为主要承重结构，在风貌上较协调，所占比例最高。

现状调研建筑质量划分为四种类型，质量好、质量一般、质量差和危房，建筑质量以建筑主体结构、房屋外观为主要评估标准，质量好的建筑多为近几年的新建建筑和公共建筑，部分早期建筑如果保持和维护状态好的也列为质量好的建筑。质量一般的建筑占主体，此类建筑主体结构稳固，但内部环境和外墙等要素有局部破损，整体情况较好，多为20世纪三四十年代的民居建筑。质量差的建筑多为传统民居和庙宇建筑，年久失修，结构破损，并且建筑外部环境衰败，应进行及时的修缮和加固。主体结构大部分严重损毁、外墙倒塌、建筑失火或者建筑本体极度衰败的建筑列为危房，此类建筑包括了部分具有保护价值的历史建筑，现仅存部分构架或立面存在，或者为无人居住的民宅因种种原因而倾覆，此类建筑应根据规划要求及时采取拆除或抢救性修复措施。

冉庄村建筑功能以村民住宅及旅游展示为主，村宅旁一般配有附属用房，如仓库等。公共建筑主要包括村委、村诊所、商店和宗教建筑如庙宇等，均为零星单体建筑，占地规模不大。

### 6.1.1 建筑保护与整治

规划以建筑风貌现状评估为基础，结合了建筑保护等级和保护价值、建筑质量、建筑年代、建筑高度等现状要素。同时，考虑了建筑保护与整治时序、旅游发展、村庄环境整治等管理要素，对规划范围内所有建筑提出分类保护和整治措施。

对建筑采取分类保护和整治措施主要包括：保护、修缮、改善更新、保留、整治改造、拆除。

对于各级文物保护单位和登记不可移动文物，应依据《中华人民共和国文物保护法》的要求进行保护。

对于历史建筑，应按照《历史文化名城名镇名村保护条例》中关于历史建筑的保护要求进行保护和修缮。

对传统风貌建筑，应保持和延续建筑外观形式、风格及色彩，保护具有历史文化价值的细部构件、装饰物等，其内部允许进行改善和更新，以改善居住和使用条件。

对与传统风貌相协调且建筑质量较好的其他建筑，可加以保留。

对与传统风貌不协调或质量不佳的建筑，应采取整治或改造等措施，使其风貌协调；其中严重影响格局、风貌或质量很差的建筑应拆除。

规划确定为保护、修缮、改善类的建筑，不得随意拆改。涉及上述各类建筑的修缮或改善工程，应根据其保护级别，履行《中华人民共和国文物保护法》、《历史文化名城名镇名村保护条例》等相关法规规定的工程方案审批程序，经主管部门批准后方可实施。

#### 6.1.1.1 保护类建筑

采取保护方式的建筑为规划范围内的各级文物保护单位和登记不可移动文物，包括王霞故居在内的99处县级文物保护单位。

主要针对在核心保护范围内的历史建筑，应在不改变文物原状的基础上进行修缮保养。对已公布为国家、省（自治区、直辖市）、市县（区）级文物保护单位的建筑和不可移动文物，要依据文物保护法进行严格保护。对以上文物建筑保护中所涉及的所有评估、维修和展示利用等方面，都应严格依据《中华人民共和国文物保护法》及相关法律法规的要求进行。

#### 6.1.1.2 修缮类建筑

采取修缮方式的建筑为规划范围内提出的建议历史建筑。

对建议历史建筑应在保护的原则下进行修缮和展示利用，并应严格按照《历史文化名城名镇名村保护条例》中关于历史建筑的相关规定进行。

对建议历史建筑进行维护和修缮，其中出现严重损毁且所有权人不具备维护和修缮能力的，村政府和清苑县政府应当采取措施进行修缮。任何单位或者个人不得损坏或拆除建议历史建筑。可以对建筑内部的设施进行改善，如需对外部进行修缮装饰、添加设施或改变建筑结构或使用性质，需要科学论证和县文物部门批准。新的建设工程选址，应当尽可能避开建议历史建筑。

从规划的建议历史建筑中逐批公布历史建筑，建立历史建筑档案，并对历史建筑设置保护标志。

未来结合村庄旅游的发展，可以根据历史建筑所有权人的意愿经营商铺或饭馆，也可作为传统手工艺制品作坊等。

#### 6.1.1.3 改善类建筑

采取改善更新方式的建筑为规划范围内具有一定传统风貌，质量好或一般，且不严重影响冉庄村未来旅游发展和村庄整体景观环境的建筑。

对此类建筑应保持和延续建筑外观形式、风格及色彩，修缮外观风貌受到破坏和影响的部分，保护具有历史文化价值的细部构件或装饰物，其内部允许进行改善和更新，以改善居住和使用条件，使其适应现代生活方式。

此类建筑的展示和利用，与建议历史建筑的方式相同。

#### 6.1.1.4 保留类建筑

采取保留方式的建筑为规划范围内与传统风貌相协调，建筑质量好或一般，建筑年代基本为20世纪80年代以后，且不影响冉庄村未来旅游发展和村庄整体景观环境的建筑。

对此类建筑应保留其现状，保持风貌与传统建筑基本协调，不影响村民的正常使用。如局部与传统风貌建筑差异较大，应本着与传统风貌协调的原则进行整治。

以与传统建筑风貌协调的原则，可以对此类建筑进行外部和内部的修缮和装饰。在展示和利用方面，可以根据旅游发展的需要，改变原有使用功能或增加所需设施等。

#### 6.1.1.5 整治改造类建筑

采取整治改造方式的建筑为规划范围内与传统风貌不协调，或质量差，或在建筑高度方面对传统风貌建筑存在一定影响，或对村庄整体景观环境存在一定影响的建筑。

对整治改造的建筑可采用立面整治维修、使用功能置换、细部修饰和周边环境整治等方法，使其符合历史风貌的要求；对体量过大、建筑高度影响严重的可以采用降低层数的措施。

#### 6.1.1.6 拆除类建筑

采取拆除方式的建筑为规划范围内与传统村落整体格局、传统风貌极不协调或在远期对传统村落整体发展产生严重影响的建筑或建筑本身质量很差的危房。对拆除类建筑应采取审慎措施，并结合近远期改造采取弹性方案。

# 6.2 传统村落街巷空间与景观风貌规划与实施方案

## 6.2.1 保护原则

以科学发展观为指导，遵循保护遗产本体及环境的真实性、完整性和保护利用的可持续性的原则，保护冉庄村地域范围内的历史文化遗产和聚落环境，保护和延续冉庄村传统空间格局和历史风貌特色，继承和弘扬冉庄村落历史文化传统，促进经济社会协调发展。

正确处理冉庄村传统村落的保护和村庄建设及经济发展的关系，保护冉庄村的历史真实性，促进经济、文化的发展。在充分保护的前提下，满足居民生产、生活的需要，改善人居环境，实现村落的动态保护。

## 6.2.2 保护范围划定

冉庄村保护范围划定是在现状调查以及参考相关资料的前提下，根据现存聚落空间格局、自然环境、历史建筑遗存、历史环境要素等的现状分布状况进行的，本规划将保护范围层次划定为：核心保护范围、建设控制地带和环境协调区。

### 6.2.2.1 核心保护范围

核心保护范围是文物保护单位、历史建筑较为集中，空间格局保存完好，街巷风貌特征明显，需要重点保护和严格控制的区域。

冉庄村的核心保护范围为以冉庄十字街为中心，向东352米至芦苇塘内边、向南194米至九龙河桥、向西234米至护村壕西侧小巷、向北275米至冉庄小学所闭合的区域，约19.93公顷。此核心保护范围能够完整地反映冉庄村特定时期传统风貌和地方特色。

核心保护范围保护要求：

（1）在核心保护范围内，不得进行新建、扩建活动，但是，新建、扩建必要的基础设施和公共服务设施除外。

（2）在核心保护范围内，新建、扩建必要的基础设施和公共服务设施，县城乡规划主管部门核发乡村建设规划许可证前，应当征求同级文物主管部门的意见。

（3）在核心保护范围内，拆除历史建筑以外的建筑物、构筑物或者其他设施的，应当经县城乡规划主管部门会同同级文物主管部门批准。

（4）保护原住民生活的延续性，保持村落完整的非物质文化遗产，实现村落活态长效发展。

（5）核心保护范围内对传统格局肌理进行严格保护，对区内的格局风貌、街巷、水系、建构筑物、院落、古树名木等保护措施应符合后述保护范围内专项保护措施的要求。

（6）核心保护区内所有新建建设工程，其建筑形式、材料，以及工艺手法应沿用当地传统做法，要与冉庄村整体氛围相协调，建筑高度应严格按照本规划规定的高度控制要求执行。对核心区内严重破坏风貌及超高的项目，视其严重程度，近期进行风貌协调，在条件允许时应予以拆除整改。

#### 6.2.2.2 建设控制地带

建设控制地带位于核心保护范围以外，是为确保核心保护范围的风貌、特色完整性而必须进行建设控制的地区，重在对新建、改建建筑物、构筑物在外立面形式、高度、体量、色彩等方面的控制。

建设控制地带的范围以冉庄地道战纪念馆提供冉庄保护范围为依据，结合对原护村壕现场勘察情况，确定建设控制地带的范围为，以核心保护范围的边界线为基线向外延伸，东至芦苇塘外边、西至镇政府西墙，南至九龙河外30米、北至芦苇塘，东西长约940米，南北长约860米，面积为46.54公顷。

建设控制地带保护要求：

（1）新建、扩建、改建建筑的高度、体量、色彩、材质等应与核心保护范围内建筑相协调。新建设项目不得破坏原有格局与景观风貌。建设控制地带内的新建建筑在体量上应与原有历史民居建筑体量相协调，新建建筑可建二层建筑，但檐口至地面高度不超过8米。色彩上要沿用冉庄传统青灰色墙面。

（2）建设控制地带内各种修建性活动应在规划、文物、建设等有关部门指导并审批同意下才能进行。

（3）建设控制地带内格局风貌、街巷、水系、建构筑物、院落、古树名木等保护措施应符合后述保护范围内专项保护控制要求。

（4）建设控制地带内的新建建筑物、构筑物，在使用性质上要以居住、基础设施、社会服务设施为主，不得建有生产性质的建筑。

（5）建设控制地带内整治更新应有计划、分阶段进行，避免大拆大建。

#### 6.2.2.3 环境协调区

指为了保护文物周围环境的完好所必须控制的地段。在二级保护区之外再划一道界线，要求在此范围以内的建筑和设施在内容、形式、体量、高度上要与保护对象相协调，以取得合理的空间与景观过渡，保护传统村落的环境风貌。协调发展区的范围以建设控制地带基线向外延伸至规划边界，总面积为148公顷。

协调发展区的保护要求：

（1）环境协调区内新建建筑应注重与冉庄村历史环境及周边自然环境的风貌协调，新建建筑或更新改造建筑，其建筑形式、材质等要求在不破坏整体风貌环境的前提下，可适当放宽，新建筑应鼓励低层。

（2）不得进行可能影响文物保护单位、历史建筑、传统风貌建筑安全及其环境的建设活动。

（3）不得改变村路落周边自然山水格局，不得从事任何对环境有影响的生产生活活动。

（4）应积极利用闲置地，增设公共空间及休憩绿地，提升居民生活品质。

### 6.2.3 空间格局保护

保留原来的历史空间格局不能有变化，同时街巷空间控制向外延伸西至西环路，东至张望公路，南至九龙河，北至张望公路，在这个范围内不得有建筑物或构筑物等占据街巷，影响视觉通廊。街巷两侧新建建筑物构筑物等要与传统风貌相协调。

十字街两侧已经形成传统的商业街巷，规划建筑以现有传统功能体系为蓝本，保持了街巷和建筑单体的使用功能和交通联系方式，延续和满足人们正常生活和工作需求。通过规划传统村落的历史风貌可以最大限度地延续与发展，现代的经济活动和工作与传统村落风貌保护的矛盾得到一定程度的缓解，并赋予了新的生命力。

现有遗存质量较好的传统风貌建筑带和建筑群，应该保持其原有高度，需要整饬和重建的建筑，必须按原建筑高度或在详细规划指导下进行，恢复建筑原有的面貌，并且做到修旧如旧的原则。

### 6.2.4 历史街巷保护

规划将冉庄村历史街巷划分为三个保护级别，采取不同的保护措施，主要分为保护修缮街巷、风貌整治街巷、改善提升街巷。以禁止改变街巷历史格局，并保持街巷原有空间尺度，保护沿街传统建筑形式为基本要求。

#### 6.2.4.1 保护修缮街巷

对于传统历史街巷，规划要求严格保护街巷空间格局、尺度、走向、路面铺装及两侧建筑立面形式等，并按照传统建筑形制及工艺，修缮两侧残损建筑，完善基础设施，局部拆除后的空地整治为公共空间。

十字街作为冉庄村的主要传统历史街巷，要严格保护现状6米左右古朴的十字街街道格局。对十字街两侧倒塌的建筑进行完善和整修，并结合修复破损院落设置缀石桌、石凳、石碾等具有使用和艺术性的传统小品和雕塑。维护与十字街相通的巷道的通畅性，严禁在街巷内进行搭建构筑物，不得随意改变巷道的走向以及宽度等。

十字街沿街立面在保持建筑原有的风格基础上对沿街建筑立面进行整治。保护整治模式分为四类：保存、修复、更改、更新。在整治过程对于影响街道景观的各种广告牌应拆除，设置与冉庄村风格相一致的广告牌。

**6.2.4.2　风貌整治街巷**

保护街巷肌理、走向、改善两侧建筑立面，对街巷两侧传统风貌影响较大的新建建筑近期进行立面整治，整治街巷环境，完善基础设施，可根据实际需要可对这类街巷进行疏通与局部拓宽，增设绿化及广场空间。

**6.2.4.3　改善提升街巷**

整治街巷环境，可增设绿化及广场空间，提升街巷景观环境，完善基础设施，对街巷两侧传统风貌影响较大的新建建筑，近期进行立面整治，远期有条件的情况下，可进行拆除。

**6.2.4.4　对沿街建筑立面与平面的改造上实施以下具体措施**

（1）修复沿街建筑破损的立面。

（2）统一街巷建筑风貌，保护冉庄村天界线连续性、完整性。突出原有历史风貌，保护范围两侧建筑具有抗战时期传统历史风貌，具有典型的传统特色和历史风貌，沿十字街两侧的建筑应保留历史建筑风格、高度、色调等。在保护范围内对风貌不协调的街巷立面在颜色与样式上进行整治，红色围墙可以粉刷成青灰色，铁制门窗可拆除并更换为红色、黑色木质门窗，禁选用黄色。

**6.2.4.5　对主要街巷路面铺装**

在保护改造时，要避免造成道路景观的破坏，考虑到与冉庄的历史风貌相协调，并应使用传统材料。十字街中的南北街道路面以及巷道道路修缮时保持并沿用青砖铺地的传统的路面形式。

**6.2.4.6　河道整治**

恢复原有的村落水系格局，整修九龙河河道，结合九龙河布置景观绿地和休憩场所。

**6.2.4.7　护村壕**

对现存冉庄护村壕沟进行清理，按照原壕沟宽度开挖并进行修复，采用原做法、原工艺，外观效果尽量恢复原样。

### 6.2.5　地道战遗址保护规划

#### 6.2.5.1　地面作战工事保护

全面整修或局部复原部分地面作战工事与地道口，维护各个地道出入空的通畅性和安全性。包括：高房工事、小庙工事、暗室、地堡等。根据保存状况和分布位置，对现存7处高房工事、5处小庙工事、8处暗室及其相关建筑进行整体修缮，修复保护碾子工事、烧饼炉工事、柜台工事、石头堡工事。冉庄地道战遗址包括23类作战设施，有选择地对其进行修复，基本做到类型完整。初步考虑修复原有256处中的86处，包括地下食堂、抢救室、指挥部、休息室、连环洞、储藏室和部分掩体、出口、排水道、水井等。

#### 6.2.5.2　地道修复保护工程

对已经开放的地道进行定期保养维护，并在人流量大通行不是很畅通的节点设置安全逃生通道，安全通道即可连同其他地道也可通向地面。进行修复保护工程时，需全面检修已经修复的地道，排除安全隐患。采用隐蔽方式，重新铺设地道内照明管线；灯台仿制煤油灯式样，内装防水灯。地道壁面重新抹灰，选择新式土砂混合材料，表面仿制铁铲切痕，色彩保持黄土颜色。

制定完善的地道维护修缮管理体制，严谨个人开挖新地道。

### 6.2.6　历史环境要素保护

保护冉庄村历史环境要素，包括古槐树古钟、九龙桥、古井、石碾、石磨、马槽等。

#### 6.2.6.1　古树古钟的保护

加固位于十字街交叉口的两颗古槐树和古槐树上的古钟，并定期检查，严禁人为攀爬。同时对冉庄内古树进行摸底，对树龄超过100年的古树进行保护和登记。

#### 6.2.6.2　九龙桥

保护现状新修的九龙桥，维护桥面以保证通行顺畅，九龙桥作为冉庄村南侧的主入口，突出九龙桥的主入口景观标志，整理周边环境，结合九龙桥设置景观绿地及入口广场等。

#### 6.2.6.3　古井、石碾、石磨、马槽等的保护

保护反映冉庄村民日常生活方式的古井、石碾、石磨、马槽等，并结合这些环境要素修建小型休憩空间，配以石凳、石椅等休憩设施为村民生活和游人提供方便。

### 6.2.7 非物质文化遗产保护规划

#### 6.2.7.1 规划原则

根据非物质文化遗产的保护目标，其保护应遵从以下原则：

1. 原真性原则

作为在特殊历史时期呈现的文化遗产，因其独特的内涵而受到人类的关注和保护，只有保证其内涵包括与内涵统一的形式的历史真实性即原真性，才是非物质文化遗产得以存在的依据。

2. 发展性原则

由于非物质文化遗产的特殊社会性，在其保护过程中必须注重遗产随社会环境条件的变迁而进一步得到发展，从而确保非物质文化遗产的生命力。

3. 尊重性原则

需要保护的非物质文化遗产由于所依托群体的特殊性，在进行保护时，必须尊重享用这种遗产所必须遵从的习俗和仪式。

4. 共享性原则

保护是为了促进人类之间的交流与非物质文化遗产的传播，必须加强遗产在社会中的宣传、教育和弘扬。

#### 6.2.7.2 规划目标

使这种代代相传的非物质文化遗产随着其所处环境、与自然界的相互关系和历史条件的变化而不断得到创新、发展，从而保持人类的文化多样性和促进人类的创造力。

使非物质文化遗产在社会中得到确认、尊重和弘扬，确保全社会对非物质遗产的享用，同时对享用这种遗产的特殊方面的习俗予以尊重。

作为人类的共同遗产，保护非物质文化遗产，可以密切人与人之间的关系以及促进交流和了解，促进各国人民和各社会集团更加接近以及确认其文化特性。

#### 6.2.7.3 非物质文化传承发展规划

1. 哈哈腔

哈哈腔，又名柳子调，由于不同的地方语言特点和民间艺术的影响，逐渐形成了具有不同艺术风格和音乐特点的东、中、西三路。东路流行于山东省的无棣、乐陵、宁津一带；中路流行于河北省沧州、衡水地区；西路流行于保定地区和廊坊的部分地区。冉庄哈哈腔属于西路，有着悠久的历史，并在20世纪盛行，但现在民间已经绝迹。

国务院于2006年公布哈哈腔作为第一批国家级非物质文化遗产，目前河北省清苑县哈哈腔剧团目前是全国唯一的哈哈腔专业表演团体。

哈哈腔作为冉庄民间流行的一种文化形式，可借助于清苑县专业表演团体的优势将哈哈腔重新引入冉庄，可通过清苑县专业人员培训，并定期举办关于哈哈腔的文艺表演，结合历史文化名村加以弘扬。

2. 老母庙庙会

老母庙庙会（太阳节）起于何时，不见记载。传说自古以来民间就有赶庙会的习俗，人们在祭祀神灵的同时，也要进行商贸和民间娱乐活动。因此，每年一度的农历六月十九太阳神生日这天，天台山下的老母庙都要举办庙会，这是一大盛事，周围几百里的乡民都来赶庙会，祭太阳，祀老母，祈求五谷丰登，幸福安康。冉庄老母庙敬奉的是当地广大妇女信奉的无生老母！她救苦救难，普度众生，慈悲为怀，护佑当地百姓儿女！每当每年庙会时，四里八乡的信众纷纷而至，焚香祷告，虔诚祈求！有求财，有求福，有求升官，还有求子等。随着社会的发展，现在老母庙庙会也在市场经济的大潮中逐渐被人民淡忘。

规划在不建立封建迷信的基础上，可以以老母庙庙会为载体，每年举办老母庙庙会。可以举办各种形式的演出、商贸展示销售等，增加冉庄的吸引力和影响力。

3. 地道战文化

在抗日战争中所形成的特有的村民生活，吃抗战饭，唱抗战歌等等，以及现在以地道战历史背景所编写的小说、制作的电影等，例如1965年，电影《地道战》上映，至今仍是观众心目中的红色经典，经久不衰，创造出共18亿人次观看的纪录。2010年，电视剧《地道战》上映。在保护的过程中充分发掘与地道战历史有关的历史故事与文化，并使之艺术化、形象化，可以以影像资料展示，提升冉庄的影响力。

4. 其他形式文化

除了哈哈腔在冉庄广为流传外，还有戏曲，形式主要剧中是河北梆子。冉庄还有以农历为主的节日庙会，虽然影响力不大，却是当地民风民俗的重要体现。规划在以后对冉庄现存的民风民保护并逐步扩大影响力，同时对以前存在并广为流传的民间文化和民俗进行深入挖掘，并以一定的形式对外展示，丰富冉庄的历史文化，让更多的人了解冉庄。

### 6.2.8 展示规划

#### 6.2.8.1 展示原则

（1）以文物保护为前提，坚持科学、适度、合理的利用方针。

（2）坚持以社会效益为主，促进社会效益与经济效益协调发展。

（3）深化研究，丰富展示手段，充分揭示文物的历史文化内涵，加强知识性和可观赏性，完整展示文物文化价值和历史信息。

（4）提倡公众参与，注重普及教育；提高本地居民对文物保护的关心和支持。

#### 6.2.8.2 展示目的

展示是为了更好地保护与利用文化遗产。通过清苑冉庄地道战的整体布局及环境风貌实物展示、文字图片资料陈列展示、遗址遗迹复制展示及作战场景模拟展示等多种方式，全面揭示冉庄地道战的深刻内涵，了解冀中人民抗击日本侵略者的英雄事迹。通过对冉庄地道战遗址的合理保护，使冉庄村成为人们了解冀中平原人民抗战史的重要场所。

通过分阶段实施文物古迹保护规划，使冉庄地道战遗址区文物古迹得到科学有效的保护，在此基础上形成由整体格局、文物本体和历史环境三个层面的文物古迹展示体系。

#### 6.2.8.3 基本要求

（1）冉庄地道战展示的内容应主要根据文物保护的安全性、文物类型的代表性、文物保存的真实性、完整性、可观赏性和交通服务条件等综合因素进行设计。

（2）开放容量应以满足文物保护和环境承载力要求为标准，必须严格控制服务设施的内容与规模。

（3）有用于文物展示服务的方案设计必须以不影响文物保护、不破坏环境为前提。文物展示的环境设计效果应尊重历史场景和地域特征。

（4）任何保护与展示措施均应严格遵守不改变遗产文物原状的原则，保护、展示及辅助设施的位置、规模、形式、色彩等应与文物整体环境氛围相协调。

#### 6.2.8.4 展示方式

冉庄地道战遗址展示采用以下几种方式：

（1）文物：现场展示。

（2）历史环境：现场展示。

（3）非物质遗产：影像展示，有条件者现场展示。

（4）历史资料：冉庄地道战纪念馆，在纪念馆内以模型、虚拟现实、实物陈列等方式进行展示。

（5）综合方式：根据研究成果，编撰冉庄地道战说明册页，以中、英语印刷，提供给参观者；在保定市政府网站、文体局网站等，开设冉庄地道战展示专项频道。

#### 6.2.8.5 展示内容

展示内容包括：整体作战体系……地上、地下地道作战工事、设施等遗存实物，冉庄整体格局、村落风貌以及文物藏品，历史与人物资料，采访音像资料等方面。

遗址展示分为五个展区，分别为：十字街展示区、青龙庙地道遗址结构展示区、纪念馆展区、老母庙巷战展区、三官庙遗址展示区等。

1. 十字街展示区

采取遗址现场展示，充分展现冉庄地道战遗址十字轴线格局、遗迹、遗存以及地道、地面、房上三维立体防御体系。

冉庄地道战遗址在加强保护的基础上，充分展示遗址本体价值，增强遗址的可读性，提高利用价值。

十字街展区是主要的实物原始场景展区，突出文物原状展示，体现真实性的特点。对与原状不符的局部及后人添加的扰乱性构件进行调整、改造，恢复遗址原状。

2. 青龙庙地道遗址结构展示区

青龙庙展区主要采用展示遗址剖面结构的方法，对集中体现冀中平原人民集体智慧的地道构造，在此处予以复原，展示地道遗址剖面。

地道上建设房屋外观采用传统平顶式样，内部采用框架结构。

3. 老母庙巷战展区

采用模拟作战场景展示的方法，选择老母庙地段辟为模拟巷战作战场景展示区，对冉庄抗战场景进行复原展示。

对本区域全部地道进行修缮，地面按照原状恢复四合院格局，恢复原高房、夹墙、地堡等各类作战工事。房屋按照原始尺度复原，恢复小巷，房屋间用梯子连接，全面恢复该区域原有攻防体系。

通过该区域的展示，集中再现抗日战争期间，冀中平原人民抗击日本侵略的反法西斯斗争中表现出的聪明才智。

4. 三官庙遗址展示区

三官庙遗址展示区，主要恢复九龙桥及周边历史环境。修建张森林纪念馆，对地道遗址进行发掘，展示发掘现场及原始的地道格局。加固废弃房屋遗址，保持废墟状态。

5. 纪念馆展区

采用纪念馆陈列展示的方法，展示冉庄地道战遗址的主要抗战文物及相关研究资料，包括：文物藏品、历史与人物资料、采访音像资料、传统民俗等方面，并采用计算机虚拟技术对作战场景进行复原模拟再现展示。

对遗址展示设施提出要求，展示设施包括牌示系统、宣传资料等。牌示系统包括导游图、说明牌、指路牌、警示牌等，各标志应简洁清晰，与冉庄地道战历史环境相协调；所有说明内容均应由保定市文物局审定。

#### 6.2.8.6 开放容量控制

根据冉庄地道战遗址的现状进行预测，并对人员最大容量进行控制。经测算地道战遗址内日容量不超过2800人次，年容量不超过84万人次；遗址纪念馆内参观人数，日容量不超过960人次，年容量不超过28.8万人次。

# 6.3 基础设施改造规划与实施方案

## 6.3.1 人口规模

本次规划从土地集约利用、统一规划要求考虑，集中村庄建设用地，引导大量农业剩余劳动力进入第二、三产业。因此，冉庄村的人口发展途径主要为三方面：

（1）自然增长：在规划期内，人口自然增长率控制在8‰以下。

（2）机械增长：村镇产业结构升级和第三产业就业岗位增加后吸引迁入人口。这是镇区内冉庄村村庄人口规模扩大的最主要因素。

（3）旅游产业的带动：随着冉庄村红色旅游产业的不断发展及周边配套设施的齐全，将吸引大量的流动及暂住人口，这是人口规模扩大的次要因素。

冉庄村现有人口7600人，自然增长率取6‰。考虑经济的不断发展，机械增长人口近期0.2万人，远期0.5万人。

规划人口规模为：

近期（2015年）村庄人口1.0万人；

远期（2020年）村庄人口1.3万人。

## 6.3.2 用地规模

### 6.3.2.1 建设用地范围

本规划确定冉庄镇冉庄村村庄的建设用地范围为：北至现有建设用地边界，南边以现有村庄和距高压线30米为界，西边以距高速铁路50米防护隔离带为界，东至距张望公路约500米的范围内。用地面积148公顷。

### 6.3.2.2 人均建设用地指标

冉庄作为镇政府驻地，根据冉庄镇的经济发展水平和村镇土地利用现状，考虑到中国国民经济的综合发展和村镇居住生活水平的提高，依据国家《镇规划标准》和《河北省镇、乡、村规划编制导则》等规范要求，确定村庄建设用地标准的有关规定，确定人均建设用地指标为：

近期，2015年镇区村庄建设用地规模120公顷，人均120m²/人；

远期，2020年镇区村庄建设用地规模148公顷，人均115m²/人。

### 6.3.3 用地功能布局结构

冉庄规划范围内用地布局是在现状用地基础上，以十字街为中心向东、南、北三个方向放射向外发展，基本空间结构为“一核两轴，四区多组团”。

一个核心：以十字街交叉口的古槐树为核心。

两条轴线：沿十字街形成的南北和东西两条历史建筑景观轴线。

四个功能区：遗址展示、旅游产业发展区、新村居民生活区、生态农业发展区

多块功能组团：居住组团，商业文化组团、绿色生态组团

通过各个组团之间相互协调，核心保护范围与外围相结合，最终做到整体保护冉庄传统风貌。

### 6.3.4 居住用地布局

居住用地规划为集中连片布置，保护原有村庄内的传统风貌居住区，修复破损的传统风格的居住建筑，改善居民居住条件，整饬现有与传统建筑风格不相协调的居住建筑，拆除影响街巷空间格局和视觉通廊的建筑物和构筑物。

在冉庄东部，张望公路东侧新辟一处居民居住用地进行新民居建设，为村庄内迁出人口和未来增加人口使用。

### 6.3.5 生产设施用地布局

根据冉庄现有的资源优势考虑定位冉庄以第三产业为主导的村庄性质，规划村庄内原有的工业厂房外迁至位于冉庄东部的工业园区，规划期内村庄内不布置工业用地。

远景可在规划冉庄北部的绿色生态农业示范区周边，发展农副产品加工业为主的生态设施农业，作为其后续产业。

### 6.3.6 公共设施用地规划

#### 6.3.6.1 商业金融用地

商业金融用地规划在村庄的具有很大商业潜力地段，其用地有：村庄十字街两侧；北部张望公路过村庄地段两侧；东部张望公路沿线东侧；村庄主入口，靠近九龙河沿环村路南侧地段。这些地段分别服务村庄内部以及为旅游商业服务。

至规划期末，规划商业服务用地总面积13.6公顷，人均10.46平方米，占建设总用地

的9.18%。

#### 6.3.6.2 集贸市场用地

综合考虑当地居民传统生活习惯及交通便捷性等各方面因素，规划对现有集市贸易在原址进行保留，并扩大其用地，梳理周边交通，整合土地性质，作为商品和农产品交易市场，方便群众买卖活动。

#### 6.3.6.3 行政管理用地

因为冉庄是镇政府驻地，规划考虑为方便群众办事和政府不同部门之间的联系，行政办公应适当集中，现状用地已集中在镇政府附近，基本符合要求，规划将其建筑进行立面及环境调整。

#### 6.3.6.4 文体科技用地

文体科技用地规划与旅游项目结合，在冉庄中主要分布于三个地段：中部以古槐树广场为核心的抗战遗址展示景区；北部以侵华日军罪行展事馆为核心的纪念展示景区；南部以纪念馆新馆为核心的及参观性、参与性为一体的军事教育综合景区。

#### 6.3.6.5 教育机构用地

随着冉庄的发展及新民居的建设，居民居住的中心向外转移，增加教育设施用地，小学将搬迁至新村，并新建幼儿园、小学。

#### 6.3.6.6 医疗保健用地

村庄内现有地段医院、镇卫生院，规划其位置不变。地段医院原址扩建，增加病床和更新医疗设备，提高档次；镇卫生院增加一些医护人员和设备，为村庄西侧的人员就医提供方便。同时，在村庄东侧新村内新建1所卫生院，以满足居民使用需求，创造方便的就医条件。

### 6.3.7 道路系统规划

#### 6.3.7.1 动态交通规划

首先，严格保护冉庄核心保护范围和建设控制区现有的道路及街巷的宽度和两侧的风貌。

其次，在建设控制区外围设置干路道路红线宽度为20米，包括现状部分环村路和新规划冉庄道路，西侧沿铁路防护绿带进行修建，南侧道路沿铁路防护绿带高压线隔离带和现有村庄外边界线修建；东侧、北侧尽量利用现有的道路结合新民居建设进行修建和改造为保护范围内交通性道路，分流保护范围过境车辆。

支路承担着保护范围内生活性交通以及部分连接保护范围和其他外围景点的旅游性交通。

合理组织各类交通体系，通过干路建构快捷地交通性机动交通网络；通过支路建构四通八达的生活性交通网；通过街巷道路、人行道、广场等组织，建构体现冉庄人气和人性化关怀的步行道路网。

**6.3.7.2 静态交通规划**

社区和各类用地内部停车要充分考虑机动车辆的快速增长，通过各种措施扩大停车面积。

规划在大型集散场地、重要公共服务设施周围设置地面停车场。

冉庄村南，建设控制地带以外建设客户服务区与管理区，设为景区主入口，入口旁设置停车场一个，占地面积5000平方米。

冉庄村北，集贸市场西部设置停车场一个。

**6.3.7.3 交通管理**

步行：交通以步行为主，参观、专业考察、内部管理均采用步行交通方式。

外部车辆（包括非机动车辆）一律不准进入冉庄村保护范围。

保护范围内居民生活车辆，经冉庄地道战纪念馆批准，暂时可以使用，但限制为承载1吨以下的运输车辆，逐步恢复为原始交通运载工具或逐步改为无污染小型车辆。

**6.3.7.4 游览交通控制**

冉庄保护范围的街巷应尽量保持原有的步行或电瓶车方式，对机动车使用严加控制。

**6.3.7.5 参观线路规划**

1. 地面游览路线

从保护范围南部进入，经遗址管理服务区、纪念馆展区、三官庙遗址展示区、至十字街展示区，再经老母庙巷战展区，至青龙庙地道遗址结构展示区。

2. 地道游览路线

采用与地面相反的游览线路，即：从青龙庙地道遗址结构展示区出发，经老母庙巷战展区，至十字街展示区，再经三官庙遗址展示区至纪念馆展区及地道出口

## 6.3.8 市政设施规划

**6.3.8.1 给排水工程规划**

1. 给水现状

冉庄基本实现集中供水，有2座取水井，位于保护范围内的纪念馆附近。

2. 用水量规划

水源位于冉庄的西北部，根据未来冉庄村的发展建设水厂，集中统一供水。

冉庄村用水由以下部分组成：

（1）居民用水；

（2）市政公用设施用地用水；

（3）道路用地用水；

（4）绿地用水；

（5）消防用水依托冉庄村给水管网进行规划，并进行消防校核。

3. 给水管网规划

主要供水管网为环状，并以此为基础向周边枝状延伸，表现为环枝状相结合。给水管网的敷设方式为地埋式施工时参照国家相关规范。

冉庄村供水管网本着统一规划，分期建设，近远结合的原则。为提高冉庄村供水安全保证率，给水管网采用环状管道系统，结合给水主干管沿用水较集中且用水量较大的区域布置。

为缓解用水供需矛盾，采取多方面措施：

（1）大力推行节水措施，采用先进节水技术，节约用水，减少浪费。

（2）充分挖掘拦蓄水工程潜力，提高水资源利用率。

（3）积极保护现有各类水资源不受污染，已经污染的水源要限期治理。

（4）提倡分质供水，广泛开展污水回用及建设中水系统，充分利用各类水资源。

（5）重视雨水渗蓄工程建设，制定技术规范，推广雨洪利用技术。结合各项建设，广泛采用透水铺装、绿地渗蓄、修建蓄水池等措施，最大限度地将其就地截留利用或补给地下水。

**6.3.8.2 排水工程规划**

规划冉庄村污水为南北两个排污区域，汇集到污水干管统一排到冉庄村东南部的污水处理厂集中处理。对现状雨水排放方式进行调整，统一规划，雨水排放结合现状地形，雨水分为南北两个排水区域，外围雨水就近排入农田，冉庄村内部的雨水排入现状沟渠。

1. 污水工程规划

根据冉庄村用地规划布局，结合地形坡向，合理布置污水管网。污水管网采用枝状布置形式，冉庄村污水系统沿南北主要道路布置污水主、次干管，东西向道路布置污水次、支管，由总干管输送到污水处理厂进行统一处理。

村庄污水经管网收集统一输送到位于村庄外污水处理厂集中处理。规划全村污水总排放量为1560$m^3$/d，全部统一处理后排入新开河。规划建一级污水处理厂。充分利用地形采用重力排水，需要处可设置泵站。

根据污水量预测，确定污水处理厂分两期建设，规划污水处理厂近期处理规模为0.1万$m^3$/d，远期为0.2万$m^3$/d，总占地面积为3公顷。污水处理采用二级生化处理，处理后污水应达到国家二级排放标准，处理后的污水可作为农业用水。

污水管网布置在东西道路的南侧，南北道路的东侧。

2. 雨水工程规划

规划雨水排水按就近排放原则，结合现状排水系统，就近排入河道，根据现状雨水管道，河道及地形情况。

以保定市暴雨强度公式和雨水管道设计流量计算雨水管管径，以能够及时排出雨水，不出现积水为前提。

力求将雨水就近接入雨水干管，减小雨水管道断面及埋深，节省整体工程费用。以冉庄村内护村壕及张望省道为界将雨水系统划分为三个排水区域，自成体系，独立排放。

#### 6.3.8.3 电力工程规划

现状冉庄村供电电源为张登镇变电站，由张登镇方向引人10KV高压电源由电力部门引入冉庄村，冉庄村根据实际负荷的大小设置箱变。

冉庄村内高压、低压均为放射式配电，各箱变设在负荷相应中心位置。电线的敷设方式为地埋式箱式变压器的安装方式参照国家相关规范。街道照明控制箱电源由附近箱变低压侧引来，导线采用埋地敷设。

#### 6.3.8.4 电信工程规划

冉庄镇现有一无线发射基站，位于镇政府驻地，服务区基本覆盖全区域。村庄基本通信表现为有线通信和无线通信，通信线路由镇域南部输入，成枝状联结各个村庄，基本实现村村通话，村村通邮，村域的通信服务覆盖率达到100%。

规划至2020年，电话普及率达90%以上。

网络系统：该系统属弱电系统（电话、电视、网络）设计，线路均沿同一路经，共用一管沟。该系统因CD位置不定，仅做管线预埋，系统线路预埋一根预制梅花排管。

电话系统：信号由当地电信部门由张登镇方向引来，系统设计采用交接箱配线与直接配线组成的混合配线型式。

电信线路在冉庄村主要道路以及核心保护范围内实现地下电缆敷设，核心保护范围外的支路可架设明线。

#### 6.3.8.5 供热工程规划

1. 供热现状

根据冉庄村实际情况采用集中供热进行统一供热。

2. 规划原则

（1）贯彻近期和远期相结合，合理布局，有利于分期实施的原则。

（2）采用先进和可靠技术，以能源的综合利用和节约能源为原则，并注意减少污染和保护环境的要求。

3. 供热系统

热源：为独立锅炉房2个，位于冉庄村的北部和南部，实行分区供热。主要供热管网为枝状分布，供热的重点地区是新建区域，核心保护范围尽量少布置热力管网。供热管网的敷设方式为地埋式施工时参照国家相关规范。

4. 热负荷预测

根据冉庄村用地性质，规划采取分区联中供热方式进行供热。

5. 规划布局

（1）供热方式：管网规划采用单管制，枝状管网，主干管沿道路一侧敷设，并平行于道路中心线。

（2）热网管道敷设方式为地埋，管道布置在南北向道路的东侧，东西向道路的南侧；热力管网走向和管径详见热力工程规划图。

（3）供热管道与建筑物或相邻管道的间距。

**6.3.8.6　环卫设施规划**

为了保护冉庄村居民的健康，创造一个村容整洁、环境优美，既有利于工作又方便生活的村庄环境，必须对村庄的废弃物进行妥善处理，防止污染环境。按照环境卫生指标及实际情况，设置公厕、垃圾中转站、垃圾箱。

冉庄村垃圾处理采用动态堆肥处理方式，作为农肥进行综合利用，堆肥地点为村庄外围的一般农田或者坑塘内，并防止对环境造成二次污染。

**6.3.8.7　环境保护规划**

坚持经济建设、村镇建设和环境建设同步规划，同步实施，同少发展，实现经济、社会环境效益相统一的原则，全面规划，分期实施，为居民创造良好的生产、生活环境，使环境质量和社会经济发展相协调，同人民生活水平提高相适应。

1. 环境分区及目标

一类环境保护区：包括行政、居住、学校，大气环境质量达到国家二级标准，噪音昼间小于55dB（A），夜间小于45dB（A）。

二类环境保护区：包括商业居住混合区，大气环境质量达到国家二级标准，噪音昼间小于60dB（A），夜间小于50dB（A）。

三类环境保护区：包括集中成片的旅游产业区，大气环境质量标准达到国家二级标准，噪音昼间小65dB（A），夜间小于50dB（A）。

2. 规划措施

严格控制污染因素，需处理达标后方可排放；整理清淤冉庄村内的河沟，建设水体绿化，改善环境。注重冉庄村的环境卫生，垃圾无害化处理率达到95%以上。

**6.3.8.8　防灾减灾规划**

根据中国地震烈度区划图（2015年河北省地区）冉庄镇属Ⅶ度抗震高防区，规划范围内各项建设都必须满足Ⅶ度抗震设防要求。规划措施：

（1）道路必须畅通，主要疏散道路应满足抗震要求，大型公建要留出一定集散场地，保证震时救护需要。街道内的消防通道中心线间距不得超过160米，尽端式消防车道必须设回车场，面积不得小于12米×12米。

（2）冉庄村内绿地、广场、学校操场、停车场等是震时居民避难的主要场所，任何单位和个人不得随意占用。

（3）消防管网与生活配水管网合用，室外消防栓沿道路设置，其间距不应超过120米。

（4）加强强震时次生灾害的管理。

（5）加强宣传教育，普及抗震知识，增强防灾意识和能力。

## 6.4 冉庄村旅游发展规划

### 6.4.1 旅游业发展现状

冉庄地道战遗址是第二次世界大战中，中国人民抗击日本侵略者的一处重要战争遗址，它是目前世界上仅存的保存完好的第二次世界大战时期既能攻又能守的防御体系。新中国成立后，为纪念抗日战争的胜利，于1959年建造了冉庄地道战纪念馆，冉庄地道战遗址由参观学习逐渐成为全国闻名的旅游景区，现为国家AAA级景区。作为景区的所在地，冉庄村的旅游业已成为其主要的支柱产业。冉庄地道战遗址是全国首批重点文物保护单位、全国青少年教育示范基地、全国爱国主义教育基地、第一批省级国防教育基地，每年都吸引大批中外游客来这里参观旅游，接受爱国主义和革命传统教育。2017年1月，冉庄地道战遗址入选国家发改委发布的《全国红色旅游经典景区名录》。

改革开放后，随着我国经济建设的快速发展，旅游业也逐渐得到发展，冉庄地道战遗址作为红色旅游的经典目的地之一，每年的游客接待量增长较快，当地的旅游收入也增长较大，冉庄村也通过旅游相关的餐饮、售卖纪念品、旅游拍照服务等产业得到了发展，旅游成为冉庄村经济的重要组成部分，村庄也由传统农耕型村落转变为以旅游业带动的新型农村。

但是，近些年随着旅游业的快速发展，冉庄地道战遗景区也出现了不少问题，影响了景区未来的长期发展。冉庄地道战遗址存在四大问题：一是景区管理尚需进一步加强，周边广告和商业设施影响景观；二是参观地道内灯光照明系统、安全防护措施及提示不到位，存在安全隐患；三是景区游览各节点缺乏统一管理，未形成完整的游览服务系统；四是停车场面积较小，厕所数量不足，游客中心选址不当，全景图、导览图要素不全且数量较少。

### 6.4.2 旅游资源综合分析

冉庄村位于河北省保定市西南30公里处的清苑县冉庄镇，毗邻京津石，交通便利。冉庄村紧临雄安新区，是京津冀未来发展的重要区域，随着雄安新区的启动与发展，该地区的人口结构、经济条件等都将有飞跃式的发展，利于红色旅游的区域优势形成。在我国旅游经济已逐渐成为乡村经济发展的重要产业之一。作为传统村落冉庄，可以利用国家政策优势，提升地域旅游质量，促进旅游经济发展。

冉庄拥有地道战遗址、冀中平原文化等丰富的旅游资源。1965年八一电影制片厂出品的战争电影《地道战》更是给几代中国人留下了不可磨灭的记忆。地道战家喻户晓，影响巨大，作为电影题材的背景地，冉庄村更是成为旅游的热门之选。2007年冉庄被确立为第三批国家历史文化名村（镇）。

冉庄的红色旅游虽然起步较早，但是由于受到地方发展的局限，以及未形成完整的游览服务系统，冉庄的红色旅游目前在深度与广度上都不够理想，尊在诸多问题：

1. 景区的旅游模式混乱，村内旅游多为各自开展，旅游项目同质化严重，缺少旅游资源的合理配置及多样化、差异化。

2. 景区的管理不到位，作为村内主要的景观风貌街道的十字街缺少有效管理，旅游商品沿街摆放较乱，摊位的形式多为简易的遮阳篷，极大地影响了十字街的风貌环境，同时户外广告形式也与村内传统风貌不协调。

3. 景区旅游服务设施不完善，缺少游客中心、停车场、公厕、餐饮、住宿、休闲空间等。

4. 旅游项目较为单一，层次较低，互动性、参与性、体验性不足，不能满足现今游客对旅游质量的要求。

5. 作为红色旅游景区及传统村落，缺少红色文化及传统文化的有效宣传手段，过度以营利为目的，旅游市场有待进一步提升。

### 6.4.3 旅游发展目标、定位

#### 6.4.3.1 发展目标

全国新型红色体验旅游特色村、河北省乡村旅游示范村、保定市文化旅游品牌村。以红色旅游为带动，提升旅游型新村镇，以地道战遗址，冀中民俗文化为特色；以红色旅游为主打，并与生态旅游、度假旅游、民俗旅游等密切结合，建设产品项目成熟、交通连接顺畅、具有较强市场影响力的经典旅游景区，使之成为保定市、河北省，乃至全国爱国主义教育和社会主义精神文明建设的重要阵地。

#### 6.4.3.2 发展定位

借助冉庄村的资源优势，打造以冉庄村传统村落为基础，以自然风景为依托，以冉庄地道战遗址为核心的红色休闲旅游文化。整合红色经典、拓展体验、农业观光三大旅游模块联动发展，全力逐步实现打造中国最具体验价值的红色文化传统村落，冉庄村红色乡村旅游目的地。在发展红色旅游的基础上，立足本地资源，发挥区域优势，以市场需求为导向，以可持续发展为前提，合理保护和利用革命历史文化遗产，培育发展旅游业新的增长点，提高人民生活水平，改善村镇面貌，全面带动区域经济和社会的协调发展。

### 6.4.4 旅游发展思路

将旅游模式由传统的红色观光纪念转变为红色生活性体验，打造河北的红色圣地。还原抗战生活的基本功能体系，引入抗战生活体验、作战体验、实景剧、红色创意等多种极具生活场景感的体验方式。全力营造一种生活化的红色体验空间，采用生活化的体验方式，打造抗日军民吃住行娱等生活体验的真实感，使游客深度体验红色文化。

#### 6.4.4.1 加强政府的管理与引导，规范红色旅游市场

（1）科学规划，打造红色旅游精品。冉庄在提升红色旅游产品过程中，应根据自身红色旅游资源状况，创立并保持自己的产品特色，实施差异化和细分化的市场策略，打造红色旅游精品，避免盲目投资、简单照抄、低水平模仿的误区。

（2）加强宣传，推进红色旅游“政治品牌”向市场品牌的转化。冉庄红色旅游景区有较高的知名度，在旅游市场上有着一般景区难以比拟的推广优势。冉庄应该紧紧围绕传统知名度和资源特色，开发出足以支撑和诠释传统品牌内涵的旅游产品，加大营销力度，通过有效的品牌形象整合，构建出市场经济条件下面向大众旅游者的“红色旅游品牌”。

（3）加强对红色旅游市场的监督、管理与引导，使红色旅游持续、健康、快速发展。红色旅游是一种特殊的文物古迹类旅游，既具备一般休闲游憩产业的特点，又带有严肃的政治特点。红色旅游资源代表着宝贵的精神遗产和光荣的革命传统，具有不可复制性的特点。因此，在冉庄开展旅游活动必须经过严格的审查，旅游项目要高起点、高品位、寓教于乐，不能歪曲革命历史或过分娱乐化而违背了革命历史教育的初衷。

#### 6.4.4.2 加强景区游览统一管理，形成完整的游览服务系统，提高旅游核心竞争力

（1）深入挖掘红色旅游资源文化内涵，提高旅游从业人员素质

红色旅游资源的吸引力绝不仅仅限于目前红色旅游地广泛存在的各种革命遗迹、遗物

和遗址。这些革命文物背后蕴藏的历史文化大背景是丰富红色旅游产品内涵，增加红色旅游产品厚度和纵深感的资源。培养一批专业知识丰富、讲解技巧和综合素质较高的讲解人员和导游队伍，提升旅游业的整体水平。

（2）加强红色旅游区域间的合作，整合红色旅游资源

冉庄地处河北省保定市，红色旅游资源丰富。冉庄地道战遗址和易县狼牙山、白洋淀，白求恩故居等闻名全国。近年来，保定推出了以城南庄晋察冀军区司令部旧址为核心，以冉庄地道战遗址、红色圣地西柏坡为主线的一日游红色旅游区等八条精品线路，积极引导社会资金投向红色旅游，为冉庄提供了良好的区域条件。因此，冉庄更要积极主动地搞好与区域之间其他景点的协调，密切配合，在项目选择上统筹兼顾，形成合理分工和相互促进的格局，防止各自为政，重复建设。

（3）采先进科技手段，用情境化、体验化的模式提升展示规模和展示方式

展示方式的多样化和科技化。目前，冉庄的红色旅游以简单的图片展示和橱窗式的文物陈列的状态，此方式已不能达到吸引游客的目的，充分利用现代高科技的声、光、电技术，把原来静止的陈列变为动展览，通过精心的空间组合，实现内容设计和艺术形式的创新，使红色旅游贴近人民生活，提高红色旅游的吸引力。比如利用背景音乐来烘托氛围，增加感染力；通过放映录像，来更全面、系统地展示内容。如刘少奇同志纪念馆，分别利用不同的色调模式来表现衬托刘少奇同志的传奇人生，能够收到与静态展示截然不同的效果。

（4）努力扩展红色旅游产品链，提高红色旅游项目的多样化和参与性

在旅游需求多样化的今天，单纯的红色旅游产品已经不能满足市场的需要，产品内涵的丰富将是促进市场发展的途径之一。因此，红色旅游要千方百计扩展产品链，与当地观光、休闲、度假等旅游产品相连接，在尽可能保持红色基调的基础上，向其他旅游形式扩展。多种旅游形式的联合经营不仅大大丰富了红色旅游的内涵，而且有利于维持充足的客源，增加了游客的消费水平，延长了游客的停留时间，从而大大提高了旅游目的地经济体量。

### 6.4.5 总体布局

规划以保护冉庄村历史风貌的完整性为基本原则，同时兼顾其未来需要发展的功能定位，满足村民生活需求，对冉庄村保护区的居住用地、商业金融用地、文体科技用地、工业用地、广场用地等用地进行了调整。力求在保护历史遗存，延续传统形式的同时，充分利用传统文化资源特色，改善居住区生活条件，适应未来旅游文化发展。

结合清苑县旅游发展规划的指导思想和总体布局，本着突出冀中地区的世界反法西斯

战争文化、抗战文化、新时代爱国教育的国防军事文化，发展地方特色的民俗旅游、生态农业观光旅游的思想，努力变单一、被动的参观游览方式为主题诉求，情景体验试的互动游乐形式，形成特色，体系化发展。围绕地道战遗址核心，规划地道战遗址展示区、作战场地展示区、抗战生活展示区、巷战展示区、新区展示区。

### 6.4.6　功能分区

#### 6.4.6.1　地道战遗址观光区：即以十字街为轴线的冉状地道战遗址保护区范围内

冉庄地道战遗址保护区的空间格局是以十字街为轴线展开的，十字街以及位于十字街交点的古树和上面挂着的老钟是冉庄地道战的标志性景观，多种地道出入口和作战攻势也主要沿十字街分布，多种商业和特色餐饮设施也在此轴线两侧布置。

#### 6.4.6.2　作战体验区：核心保护范围东南部

规划在核心保护范围东南部留有11公顷的发展备用地，在远期各项资金、政策等条件具备后进行开发建设。近期和中期要保持青纱帐的地貌，烘托冉庄原汁原味的地道战背景。

展示体验区包括两个部分，一个部分是历史情景再现区，即反映抗日战争时期冉庄军民为抵御日本侵略者而进行的较大规模的战争场面，且游客可以亲身参与其中，感受当时的历史。另一个部分是巷战区，依托地道战的历史背景和区域内的街巷，即游客可以自行组织参与巷战对抗，这样既能体验历史上战争的氛围，又能增加冉庄的旅游收入。

#### 6.4.6.3　抗战生活展示区

吃抗战饭、尝抗战饼等这冉庄军民紧张的战斗时期的这些生活也具有历史特色，在不影响核心保护范围的传统风貌的前提下在抗战食堂及周围设立抗战生活展示区，面积约1公顷。在这里向游客展示并且体验除战斗以外的军民抗战生活，包括在抗战食堂吃抗战饭，品尝抗战饼，观看小型的“文工团”演出、民兵操练等。

#### 6.4.6.4　民俗休闲区：九龙河以南部分民居以及东环村路两侧新村地段

新村建设和民俗休闲相结合是本次旅游规划的一大亮点，在遗址保护区外围建设新村，其基础设施和环境条件要比在保护区内和九龙河以南的旧村内建设更有优势。人们在这里享受到的“吃农家、住农家”的乐趣是充满了新农村建设气息的农家乐，感受到的名村建设的新成就，新面貌以及人民追求美满生活，建设和谐社会的信心和力量。

#### 6.4.6.5　新区展示区：核心保护范围西南部

针对冉庄旅游接待等服务设施配套不全的现状问题而设置，在该区域新建游客接待中心、商业街、集中停车场、地道战纪念馆新馆、大型文艺活动场地、学生军训配套设施等内容。地道战纪念馆新馆建于九龙河以南的地块，新馆将带动其周边旅游项目和服务设施的开发，本次规划的旅游服务区把各项功能与纪念馆新馆的建设相协调，整体考虑，统一布局，分步实施。

### 6.4.7 增加居民收入

传统村落保护性的开发将推动旅游事业的发展，并为当地经济注入活力，势必会带动旅游、服务业及相关产业的快速发展，从而提高当地经济的发展。

在不影响村落传统风貌的前提下商业服务业发展的重点应立足于方便村民、为游客提供服务，在村落内主要游览道路两侧建设一定规模的商品零售店。完善家庭旅馆、餐饮业的规划，最大限度为游客提供方便，以增加村庄内居民收入。

### 6.4.8 旅游发展保障措施

合理的政策引导不仅是传统村落旅游规划的实施和管理能够顺利进行的保证，还有助于将有限的资金投入到保护的重点上，并吸引更多的人力、物力、财力投入到传统村落的保护和发展上来。

#### 6.4.8.1 组织保障

政府要成立专门的传统村落落保护与利用机构——传统村落保护与利用管理办公室，负责对历史古村落的保护和发展进行指导、协调、监督，制订传统村落保护和旅游发展的完善制度和程序。政府部门要统一思想，广泛宣传传统村落保护的重要性，逐步形成全社会对传统村落保护意义和价值的共同认识，鼓励社区参与传统村落的保护工作。

#### 6.4.8.2 法规保障

强化传统村落保护规划的法律法规性质，对于违反规划进行开发建设的单位和个人实施明确的处罚措施。任何单位和个人有权检举、控告和制止破坏、损坏传统村落和历史建筑的行为。

#### 6.4.8.3 经济措施

经济政策主要涉及对历史保护资金的募集和应用，及对传统村落内涉及房屋产权的经济行为的政策引导。其政策有以下几条：

（1）利用国家财政性拨款、地方财政性拨款、集体单位、社会赞助、区市级政府与行政调拨、旅游收入等资金，设立保护专项资金，用于传统村落内文物建筑的修缮整治，改善传统村落内的生活设施，提高居民生活质量。

（2）对于传统村落的开发建设中符合传统村落保护规划规定的开发强度和开发项目及建设风貌要求的开发主体可以给予贷款利率和开发补偿的优惠政策。

（3）针对居住人口密集的传统村落的保护与整治，设立专门的低利率贷款，给整治房屋的户主，用于房屋的整治与维修。尽量考虑保留老住户，对私房居民，鼓励自己维修，政府进行补贴。对无力自修的居民，则考虑收购或置换房产，使人口外迁。

（4）拓展融资渠道，充分利用资金。借鉴先进经验，运用市场机制，通过多种融资渠道和特许经营方式，吸引实力企业参与景区开发建设。要打好政策组合拳，充分利用各项优惠政策和多种渠道，通过融资，形成规模化投资。

#### 6.4.8.4 人才措施

建立专家顾问团队，为景区的重大决策与发展方向提供智力帮助，定期或不定期对景区工作加以检查和指导。根据需要培养或引进外语导游人才。加强社区教育，重视社会主义新型农民的人才培养，提高社区居民的整体素质，适应景区未来的发展需要；重视和支持管理干部和工作人员的培训工作，分析具体需求，设计培训体系以及课程，制定长短期计划并严格实施；对领导干部进行目标考核责任制，不断提高管理水平。

#### 6.4.8.5 生态措施

以保护为前提，以资源的高效利用和循环利用为核心，以“减量化、再利用、资源化”的基本原则，推行绿色清洁能源替代项目，倡导绿色消费，促进资源的循环利用，推进整体的生态循环。努力使景区以尽可能小的资源消耗和环境成本，获得尽可能大的经济和社会效益，实现环境效益与经济效益的双赢。推行绿色清洁能源，建立多能互补的能源供应体系，对破坏生态的行为采用适当的处罚手段。旅游景区的经营者、组织者和管理者对旅游活动的生态化、对生态环境及景观资源的可持续发展负有直接的责任。

| 1 | 2 |
| --- | --- |
| 3 | 4 |

图6-5-1 村庄规划图

图6-5-2 保护区规划图

图6-5-3 绿地景观规划图

图6-5-4 工事分布规划

# 6.5 冉庄村传统村落保护与发展实施图集

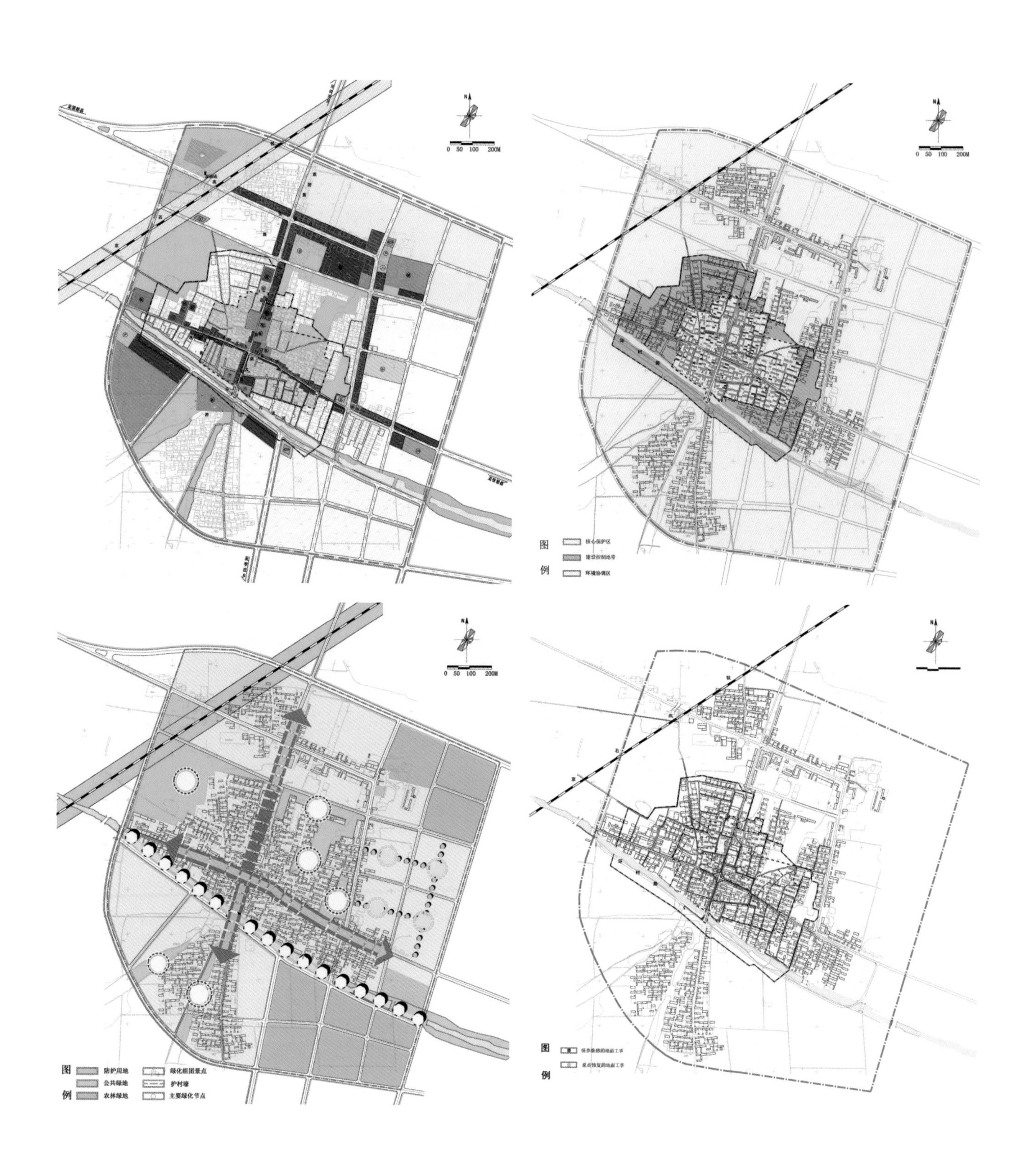

| 5 | 6 | |
|---|---|---|
| | 7 | 8 |

图6-5-5　村口调整意向

图6-5-6　夜景照明意向

图6-5-7　建筑外墙改造升级意向1

图6-5-8　建筑外墙改造升级意向2

9 | 10

图6-5-9　建筑外墙改造升级意向3

图6-5-10　建筑外墙改造升级意向4

11 | 12
13 | 14

图6-5-11　建筑外墙改造升级意向5

图6-5-12　建筑外墙改造升级意向6

图6-5-13　建筑外墙改造升级意向7

图6-5-14　街道改造升级意向1

| 15 | 16 | 17 |
| --- | --- | --- |
| | 18 | |

图6-5-15 **街道改造升级意向2**

图6-5-16 **街道改造升级意向3**

图6-5-17 **街道改造升级意向4**

图6-5-18 **街道改造升级意向5**

19 | 20
21

图6-5-19 外墙色彩改造升级意向

图6-5-20 传统院落改造升级意向1

图6-5-21 传统院落改造升级意向2

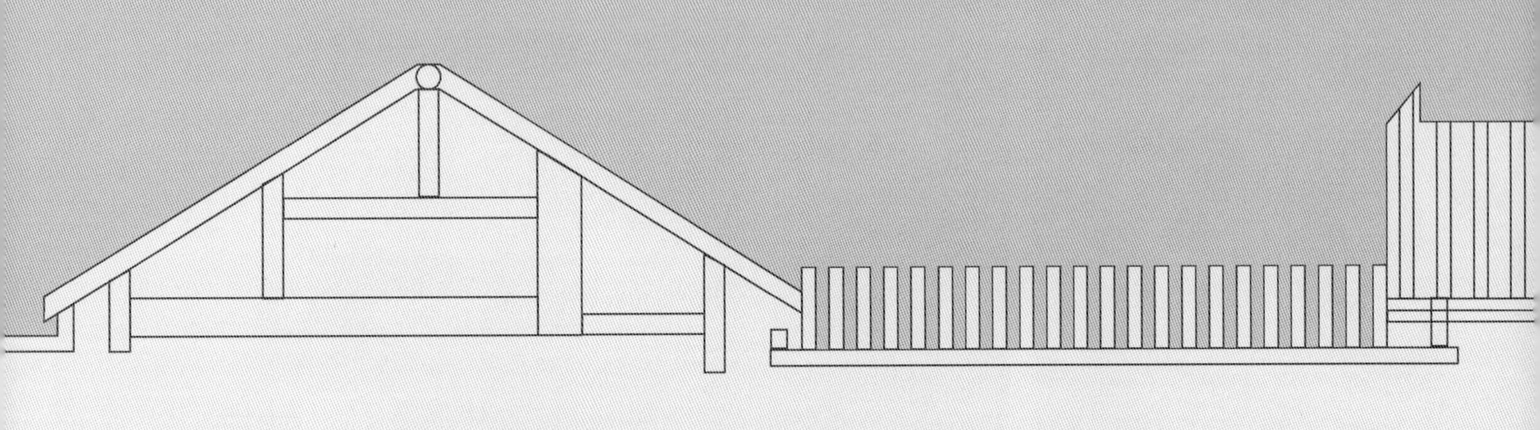

07

# 第7章
# 梁村、冉庄村传统村落保护与发展经验总结

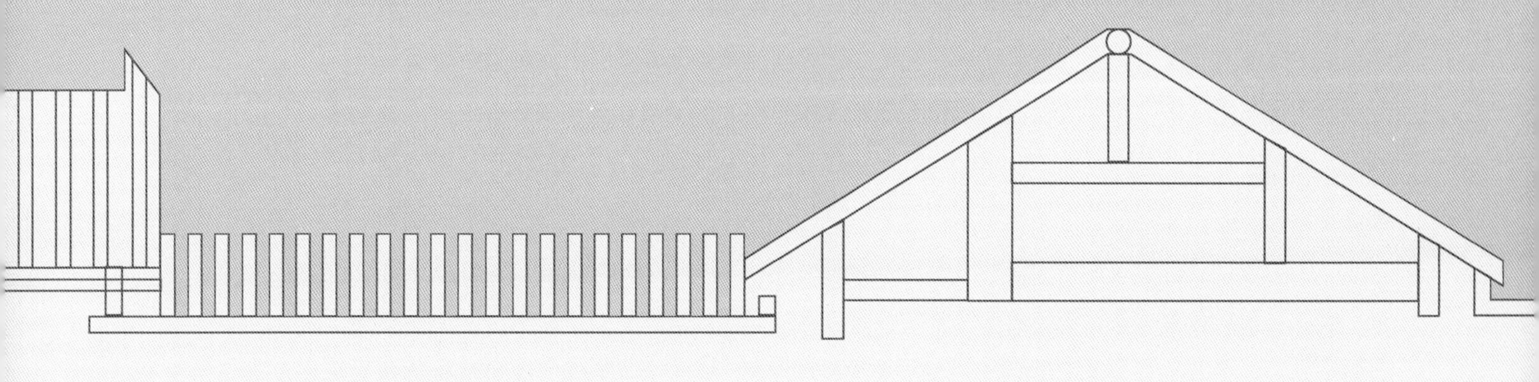

中国的传统村落博大精深，有着特殊的地位，华夏文明影响下的传统村落具有核心的古代宇宙观，同时具有不同地域、不同气候等因素影响下的个性表现。传统村落的选址和营建上都体现出中国传统的思想和技艺，并且随着历史的变迁、审美的变化、民族间的交流与迁徙等等因素而发生着改变。所以，对传统村落的研究能更加完整的展示出中国文化史发展的历程。

中国传统村落历史源远流长，它是中华传统农耕文化的载体，是中国传统聚落的代表，是中国农耕文化的活化石，是传统营建艺术的奇葩。中国的传统院落得以存在与发展的很重要的因素之一是它契合了中国传统的价值观、宇宙自然观和审美观。传统村落的发展史是中华文明发展史中不可或缺的一章，是人类思想的发展史的重要组成部分。传统村落的设计理念是与中国特有的传统风俗和更深的文化底蕴分不开的，其中渗透着中国传统的儒家思想、道家思想以及佛学思想，其所蕴涵的丰富的生态思想在中国传统文化中占据着重要地位。

中国的传统村落形式多样，反映出丰富多彩的民族、地域文化，凝聚着民情、民俗和乡土气息，也散发着儒家文化的精神气质。中国传统村落体现了人与自然相近、相亲、相融的关系，是对传统生态哲学思想的创造性运用和发展。人们可以在村落空间与自然相近、相亲、相融的关系，是对传统生态哲学意，感受自然，感悟人生，是人性的回归，符合古代先哲们提出的天人合一的思想，而这也正是人们在现代住宅设计中所努力追寻的。所以，研究传统村落空间的生态文化内涵并提取其作为空间原型，对传统村落的保护与发展具有重要的指导意义。

本书在借北方地区传统村落的研究，大致对北方地区传统村落进行了概述，所选取的梁村、冉庄两个传统村落具有一定的典型代表，但是仍不能完全覆盖北方地区所有类型传统村落的情况，北方地区像蒙古族、朝鲜族等少数民族的传统村落未能进行研究阐述，留下了不少遗憾。但是这两个村落作为传统村落保护发展中所呈现出来的问题及相关保护措施，对北方地区大部分传统村落的保护发展工作能起到一定的借鉴作用，为传统村落的今后发展起到一定作用。

# 参考文献


［1］李世芬，张小岗，宋萌官．华北平原民居适宜性建造策略与方法探讨［J］文章编号：1003-739X（2008）.

［2］冉庄地道战遗址保护规划.

［3］王路．农村建筑传统村落的保护与更新-德国村落更新规划的启示［J］．建筑学报，1999（11）.

［4］刘大均，胡静，陈君子，许贤棠．中国传统村落的空间分布格局研究［J］．中国人口资源与环境，2014，24（4）.

［5］孔宇航，韩宇星．中国传统民居院落的分析与继承［J］．大连理工大学学报（社会科学版），2003，24（4）：92-96.

［6］高介华．建筑与文化论集［M］//建筑与文化论集（第八卷）．天津：天津科学技术出版社，1999，12.

［7］朱文一．关于院的本质及文化内涵的追问［J］．世界建筑，1992，5.

［8］陆元鼎．中国传统民居与文化［M］．北京：中国建筑工业出版社，1991，1.

［9］李秋香，罗德胤，贾珺．北方民居［M］．北京：清华大学出版社，2010，5.

［10］张宁宁．关于华北民居之合院村落的调查研究［J］．文艺生活旬刊，2012.

［11］李廷宝．清苑县志［M］．北京：新华出版社，2015，6.

［12］刘雪艳．中国北方农村建筑的特点［J］．现代农村科技，2007，7.

［13］达仲梅．河北农村新型墙材推广应用取得新进展［J］．墙材革新与建筑节能，2010（9）：8-8.

［14］张伟．华北地区农村建筑的分析［J］．中国住宅设施，2010.

［15］张淑肖，郭晓兰，张万良．乡村传统民居的出路——以河北定州翟城村的示范屋为例［J］．小城镇建设，2007.

［16］吴江，史津．不同地域传统民居与气候相关的低碳经验研究［J］．四川建材，2010.

［17］梁思成．中国建筑史［M］．天津：百花文艺出版社，2005，5.

［18］马炳坚．中国古建筑木作营造技术（第二版）［M］．北京：科学出版社有限责任公司，2015，2.

[19] 傅熹年. 中国古代建筑概说 [M]. 北京：北京出版社，2016，7.

[20] 王贵祥，刘畅，段智钧. 中国古代木构建筑比例与尺度研究 [M]. 北京：中国建筑工业出版社，2011.

[21] 侯幼彬，李婉贞. 中国古代建筑历史图说 [M]. 北京：中国建筑工业出版社，2002.

[22] 王晓华. 中国古建筑构造技术 [M]. 北京：化学工业出版社，2013.

[23] 冯骥才. 20个古村落的家底（中国传统村落档案优选）[M]. 北京：文化艺术出版社，2016，1.

[24] 罗德胤. 传统村落：从观念到实践 [M]. 北京：清华大学出版社，2017.

[25] 曹昌智. 历史文化名城名镇名村和传统村落保护法律法规文件选编 [M]. 版社，2015.

[26] 周建明. 中国传统村落——保护与发展 [M]. 北京：中国建筑工业出版社，2014.

[27] 朱汉国，王印焕. 华北农村的社会问题 [M]. 北京：北京师范大学出版社，2004.

[28] 朱广宇. 图解传统民居建筑及装饰 [M]. 北京：机械工业出版社，2011，6.

[29] 朱良文. 传统民居价值与传承 [M]. 北京：中国建筑工业出版社，2011，7.

[30] 文化部文物保护科研所. 中国古建筑修缮技术 [M]. 北京：中国建筑工业出版社，1983.

[31] 北方民居建筑调查报告 [DB/OL].

[32] 苏毅南. 山西传统村落与传统民居空间形态研究 [D]. 太原理工大学，2016.

# 后记

传统村落具有深厚的历史积淀和文化底蕴，传承着一个民族的文明基因和文化记忆。村落里的自然生态、故事传说、古建筑、民间艺术和民俗民风，都是需要保护和传承的瑰宝。梁漱溟先生曾说过：中国新文化的嫩芽绝不会凭空萌生，它离不开那些虽已衰老却蕴含生机的老根——乡村。

为了保留住传统村落，国家开始从政策层面给予扶持，近期住建部公布了600个中国传统村落名单，在2017年由中央财政给予支持，2018年还会新增444个名单。

但目前传统村落保护的现状仍不容乐观。除了数量上的减少，传统村落还被不断地破坏着。传统村落多建于民国以前，其中的建筑、石板路等历史风貌经受气候、风化、环境等诸多因素的影响变得破败残缺，不时发生倾圮现象，但得不到及时的修护。还有一些具有民族地域特色的传统村落在乡村建设大拆大建的浪潮中，变成了同质化的文化风貌。此外，随着古村落旅游热的出现，商业资本嗅到了其中的市场价值，在开发中急功近利的做法也破坏着传统村落。如何实现保护开发的双赢，是目前亟需解决的现实问题。

此书是依托“传统村落规划改造及功能综合提升技术集成与示范”课题来进行的编著，经过三年多时间，对梁村和冉庄村进行了实地走访和调研工作，获得了这两个传统村落的相关资料及保护发展的实际情况，并以这两个村为案例，对目前我国北方地区的传统村落工作的进展做了一个描述，为今后更好地开展传统村落的保护与发展工作提供参考。

**图书在版编目（CIP）数据**

北方地区传统村落规划改造和功能提升：梁村、冉庄村传统村落保护与发展／林琢，吉少雯编著．—北京：中国建筑工业出版社，2018.10

（中国传统村落保护与发展系列丛书）

ISBN 978-7-112-22733-4

Ⅰ．①北… Ⅱ．①林… ②吉… Ⅲ．①村落－乡村规划－清苑县②村落－乡村规划－平遥县 Ⅳ．①TU982.292.25 ②TU982.292.55

中国版本图书馆CIP数据核字（2018）第218580号

自2012年开始，至今公布了四批中国传统村落名录，北方地区共计772个，其中山西279个，河北145个，数量占到了北方地区一半以上。本书选取了山西省平遥县岳壁乡梁村与河北省清苑县冉庄村两地作为研究对象，通过到两处传统村落的实地调研，试图从文化景观的概念和演变过程入手，对传统村落文化景观进行研究，总结传统乡村文化景观的基本特征，分析现阶段传统乡村中存在的主要问题，在保证传统院落风貌完整性和历史文化的延续性的前提下，确立以保护为主的大方向。并且本书将这两个传统村落保护整治过程中的做法及特点进行分析研究,明确传统乡村传统文化传承的基本原则，总结出传统乡村在保护和旅游开发过程中保持和延续乡土文化特色的设计思路。本书可供建筑学、城乡规划、文化遗产保护等专业领域的学者、专家、师生以及村镇政府机构人员阅读。

责任编辑：张　华　胡永旭　唐　旭　吴　绫　孙　硕　李东禧
版式设计：锋尚设计
责任校对：芦欣甜

**中国传统村落保护与发展系列丛书**

**北方地区传统村落规划改造和功能提升**

——梁村、冉庄村传统村落保护与发展

**林　琢　吉少雯　编著**

*

中国建筑工业出版社出版、发行（北京海淀三里河路9号）
各地新华书店、建筑书店经销
北京锋尚制版有限公司制版
北京富诚彩色印刷有限公司印刷

*

开本：880×1230毫米　1/16　印张：14　字数：299千字
2018年12月第一版　2018年12月第一次印刷
定价：148.00元
ISBN 978－7－112－22733－4
（32816）